HZ BOOKS

华 章 图 书

一本打开的书，一扇开启的门，
通向科学殿堂的阶梯，托起一流人才的基石。

移动开发

HarmonyOS
应用开发
快速入门与项目实战

夏德旺　谢 立｜主 编

樊 乐　赵小刚｜副主编

杜 辉　张瑞元　叶晓宾
邹 波　田可辉　范雪梅｜参编

机械工业出版社
China Machine Press

图书在版编目（CIP）数据

HarmonyOS 应用开发：快速入门与项目实战 / 夏德旺，谢立主编；樊乐，赵小刚副主编 . -- 北京：机械工业出版社，2021.11
（移动开发）
ISBN 978-7-111-69445-8

I. ① H… II. ①夏… ②谢… ③樊… ④赵… III. ①分布式操作系统 IV. ① TP316.4

中国版本图书馆 CIP 数据核字（2021）第 216535 号

HarmonyOS 应用开发：快速入门与项目实战

出版发行：机械工业出版社（北京市西城区百万庄大街 22 号　邮政编码：100037）

责任编辑：陈　洁　　　　　　　　　　　　　责任校对：殷　虹

印　　刷：中国电影出版社印刷厂　　　　　　版　　次：2022 年 1 月第 1 版第 1 次印刷

开　　本：186mm×240mm　1/16　　　　　　印　　张：17.5

书　　号：ISBN 978-7-111-69445-8　　　　　定　　价：89.00 元

客服电话：（010）88361066　88379833　68326294　　　　投稿热线：（010）88379604

华章网站：www.hzbook.com　　　　　　　　　　　　　　读者信箱：hzjsj@hzbook.com

Foreword 序

21世纪是数字经济时代，科技是支撑整个社会发展的底座，而万物互联是数字化发展的重要支撑。鸿蒙操作系统（HarmonyOS）是华为公司研发的一款自主可控的、全新的面向全场景的分布式操作系统，可以实现不同设备间的连接和数据交换，按场景把不同智能终端通过鸿蒙系统级原生能力组建成一个超级终端，为智能全场景带来不同的体验。

软通动力是中国数字技术服务的领军企业，作为与华为有着多年广泛而深厚合作的重要伙伴，软通动力深度参与HarmonyOS生态能力建设，是华为鸿蒙的生态服务商、卓越合作伙伴，提供智能家居、智能行车、CloudVC等解决方案，同时软通动力将推出软通鸿蒙OS商业发行版，与行业深度融合，打造全新智慧场景，为企业数字化转型注入新动力。

在开源生态及人才培养方面，软通动力作为鸿蒙生态的参与者与贡献者加入了开放原子开源基金会和OpenHarmony项目群，在"开源，开放，协作，共赢"理念的驱动下，致力于让鸿蒙的智慧场景能力助力合作伙伴数字化转型，提升企业效能。软通动力将持续从源代码分享、社区运营、鸿蒙人才培养等方面为鸿蒙生态的构建积累经验和贡献力量。本书的出版也是将软通动力在鸿蒙领域的经验进行总结提炼，希望有更多的技术专家及爱好者加入鸿蒙，快速掌握HarmonyOS应用开发技术，共同壮大鸿蒙生态。

未来，软通动力将携手华为公司、开放原子开源基金会、OpenHarmony项目群以及所有生态伙伴，一起推动鸿蒙生态体系的发展，共同构建数字经济时代的新生活，打造万物互联的智能世界。

刘天文

软通动力信息技术（集团）股份有限公司

集团董事长兼首席执行官

前言 *Preface*

为什么要写这本书

2019 年 8 月 9 日，华为在东莞举行华为开发者大会，正式发布鸿蒙操作系统（HarmonyOS）且发布了智慧屏；2020 年 9 月 10 日，华为 HarmonyOS 升级至 HarmonyOS 2.0 版本；2021 年 4 月 22 日，HarmonyOS 应用开发在线体验网站上线。

HarmonyOS 的问世打破了操作系统的垄断，拉开了永久性改变操作系统全球格局的序幕。我国的软件行业枝繁叶茂，但没有根，从 HarmonyOS 开始，我们将逐步构建中国基础软件的根。

HarmonyOS 同时具备分布式任务调度和分布式数据管理能力，它不再是简单的移动操作系统，而是一个全新的打破了开发界限的全场景分布式操作系统。HarmonyOS 可以搭载在手机、智慧屏、车机以及各类物联网设备上，同时可以做到有效协同，寄托了华为乃至整个业界对中国操作系统行业的希望。但生态构建并非一朝一夕的事情，因此让更多的开发者、生态链上下游的伙伴参与 HarmonyOS 生态圈的建设，为 HarmonyOS 注入新生力量是非常有必要的。本书通过项目案例实战的方式对 HarmonyOS 应用开发相关知识进行讲解，旨在让更多的人了解 HarmonyOS 应用开发并参与到 HarmonyOS 生态圈的建设中。

本书特色

本书内容基于 HarmonyOS 2.0 Beta 版。从技术层面上讲，HarmonyOS 目前可以使用 Java 和 JavaScript 两种语言进行应用程序开发。使用 Java 语言时，其开发思路类似于 Android 应用的开发；而使用 JavaScript 语言时，其开发思路类似于微信小程序的开发，因此，许多 Android 和微信小程序的开发者能够迅速入门 HarmonyOS 应用程序开发。在本书中，我们分别用 Java 和 JavaScript 两种语言进行应用程序的案例开发演示。

本书定位为 HarmonyOS 应用程序开发的入门图书，以基础知识和实例相结合的方式系统地介绍了 HarmonyOS 应用程序开发的常用技术、相关经验和技巧等。相信通过对这些知识的学习，读者能够独立、完整地开发 HarmonyOS 应用程序。

读者对象

- ❑ 移动应用设计、开发、测试工程师
- ❑ 小程序开发人员
- ❑ HarmonyOS 开发人员
- ❑ 其他对 HarmonyOS 开发技术感兴趣的人员

如何阅读本书

本书共分为 9 章。

第 1 章从宏观的角度对 HarmonyOS 进行简要的介绍，包括 HarmonyOS 的发展历程、设计理念、整体架构、技术特性、应用场景等内容。

第 2 章详细介绍了 HarmonyOS 移动应用开发的入门知识，包括环境搭建等一些基础的环境准备工作、配置文件的使用等。

第 3 章通过一个计算器案例详细讲解 HarmonyOS App 开发技能。通过布局文件实现了一个复杂的 UI 页面，同时能够通过编写相应 Java 代码控制相关 UI 组件和实现相应的计算器逻辑。

第 4 章通过一个通讯录的案例，进一步学习了利用 Java UI 框架开发 App 的功能、线性布局和相对布局的混合使用、实现使用日志打印和 Toast 信息提示等功能。同时重点讲解了列表组件的使用、数据交互等内容。

第 5 章同样也是一个通讯录的案例，讲解了如何利用 JavaScript UI 框架开发 App 以及 html、css 和 js 文件的编写，并且着重讲解了 JavaScript 开发的 FA 如何与 Java 开发的 PA 之间进行数据交互，以及如何通过 fetch 模块与服务端进行 HTTP 网络交互等内容。

第 6 章通过一个相册的案例，重点讲解了 HarmonyOS 权限控制的概念以及动态权限申请的使用流程，然后讲解了如何读取系统相册数据库中的数据并进行 UI 渲染。

第 7 章通过一个封装视频播放器的案例，完整地梳理了开发视频播放功能的相关流程和知识点，并讲解了视频播放相关 API 的使用，以及定时任务、子线程与 UI 线程通信、属性动画等知识点。

第 8 章讲解了如何在真机下进行应用调试，以及分布式任务调度开发的流程，同时讲解了如何在上一章播放器开发的基础上进一步开发分布式播放器，分布式播放器可以在多种搭载 HarmonyOS 的终端设备上进行流转。

第 9 章介绍了一些常用的 HarmonyOS 第三方组件，包括 UI 布局类、控件封装类、动画播放类、音视频处理类、开发框架类以及工具类等内容。

勘误和支持

由于作者的水平有限，编写时间仓促，书中难免会出现一些错误或者不准确的地方，恳请读者批评指正。如果你有更多的宝贵意见，欢迎通过邮箱 dwxiad@isoftstone.com 与我联系，期待得到你们的真挚反馈，让我们在技术之路上互勉共进。

Contents 目 录

HarmonyOS 简介

2019 年 8 月 9 日，华为在东莞举行华为开发者大会，正式发布鸿蒙操作系统（HarmonyOS）。HarmonyOS 是一款全新的面向全场景的分布式操作系统，它创造了一个超级虚拟终端互联的世界，将人、设备、场景有机地联系在一起，可对消费者在全场景生活中接触的多种智能终端实现极速发现、极速连接、硬件互助、资源共享，用最合适的设备提供最佳的场景体验。

1.1   HarmonyOS 的发展历程

2012 年，华为开始规划自有操作系统"鸿蒙"（HarmonyOS）。

2019 年 5 月 17 日，由任正非领导的华为操作系统团队开发了自主产权操作系统——HarmonyOS。

2019 年 8 月 9 日，华为正式发布 HarmonyOS。同时余承东也表示，HarmonyOS 实行开源。

2020 年 9 月 10 日，华为 HarmonyOS 升级至华为 HarmonyOS 2.0 版本，即 HarmonyOS 2.0，并面向 128KB ～ 128MB 内存的终端设备开源。余承东表示，2020 年 12 月将面向开发者提供 HarmonyOS 2.0 的 Beta 版本。

2020 年 12 月 16 日，华为正式发布 HarmonyOS 2.0 手机开发者 Beta 版本。华为消费者业务软件部总裁王成录表示，2020 年已有美的、九阳、老板电器、海雀科技搭载 HarmonyOS，2021 年的目标是覆盖 40 家以上主流品牌、1 亿台以上设备。

2021 年 2 月 22 日晚，华为正式宣布 HarmonyOS 将于 4 月上线，华为 Mate X2 将首批升级该系统。

2021 年 3 月，华为消费者业务软件部总裁、HarmonyOS 负责人王成录表示，今年搭载

HarmonyOS 的物联网设备（手机、平板电脑、手表、智慧屏、音箱等智慧物联产品）有望达到 3 亿台，其中手机将超过 2 亿台，力争让 HarmonyOS 生态的市场份额达到 16%。

2021 年 4 月 22 日，华为 HarmonyOS 应用开发在线体验网站已上线。

2021 年 5 月 18 日，华为宣布华为 HiLink 将与 HarmonyOS 统一为 HarmonyOS Connect。

1.2　HarmonyOS 的设计理念

在万物互联的时代，我们每天都会接触到很多不同形态的设备，每种设备在特定的场景下都能够为我们解决一些特定的问题。表面上看起来我们能够做到的事情更多了，但每种设备在使用时都是孤立的，提供的服务也都局限于特定的设备，使得我们的生活并没有变得更好、更便捷，反而变得非常复杂。HarmonyOS 的诞生旨在解决这些问题，在纷繁复杂的世界中回归本源，建立平衡，连接万物。

混沌初开，一生二，二生三，三生万物，HarmonyOS 为用户打造了一个和谐的数字世界——One Harmonious Universe。

1. One

万物归一，回归本源。HarmonyOS 设计团队强调以人为本的设计，通过严谨的实验探究体验背后的人因，并将其结论融入设计当中。

HarmonyOS 的表现应该符合人的本质需求。结合充分的人因研究，为保障全场景、多设备的舒适体验，在整个系统中各种大小的文字都清晰易读，图标精确而清晰，色彩舒适而协调，动效流畅而生动。同时，界面元素层次清晰，能巧妙地突出界面的重要内容，并能传达元素可交互的感觉。另外，系统的表现应该是直觉型的，用户在使用过程中无须思考。因此，系统的操作需要符合人的本能，并且使用智能化的技术能力来主动适应用户的习惯。

2. Harmonious

一生为二，平衡共生。万物皆有两面，虚与实、阴与阳、正与反等，二者有所不同却可以很好地融合，达至平衡。

HarmonyOS 给用户带来了和谐的视觉体验，通过将光影、材质等设计转化到界面设计中，给用户带来高品质的视觉享受。同时，将物理世界中的体验记忆转化到虚拟世界中，熟悉的印象有助于用户快速理解界面元素并完成相应的操作。

3. Universe

三生万物，演化自如。HarmonyOS 是面向多设备体验的操作系统，因此，给用户提供舒适便捷的多设备操作体验是 HarmonyOS 区别于其他操作系统的核心要点。

一方面，界面设计 / 组件设计需要拥有良好的自适应能力，可快速进行不同尺寸屏幕的开发。另一方面，多设备的体验应在一致性与差异性中取得良好的平衡。

❑ 一致性：界面中的元素设计以及交互方式尽量保持一致，以便减少用户的学习成本。

❑ 差异性：不同类型的设备在屏幕尺寸、交互方式、使用场景、用户人群等方面都会存在一定的差异性，为了给用户提供合适的操作体验，我们需要针对不同类型的设备进行差异化设计。

同时，HarmonyOS 作为面向全球用户的操作系统，为了让更多的用户享受科技的便利与愉悦的体验，在数字健康、全球化、无障碍等方面也进行了积极的探索与思考。

1.3　HarmonyOS 的整体架构

HarmonyOS 整体遵从分层设计，从下往上依次为内核层、系统服务层、框架层和应用层。系统功能按照"系统 > 子系统 > 功能 / 模块"逐级展开。在多设备部署场景下，支持根据实际需求裁剪某些非必要的子系统或功能 / 模块。HarmonyOS 的技术架构如图 1-1 所示。

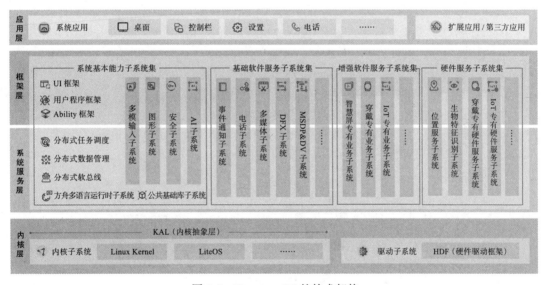

图 1-1　HarmonyOS 的技术架构

1.3.1　内核层

内核层分为内核子系统和驱动子系统。

❑ 内核子系统：HarmonyOS 采用多内核设计，支持针对不同资源受限设备选用适合的 OS 内核。内核抽象层（Kernel Abstract Layer，KAL）通过屏蔽多内核差异，对上层提供基础的内核能力，包括进程 / 线程管理、内存管理、文件系统、网络管理和外设管理等。

    ❑ 驱动子系统：硬件驱动框架（HDF）是 HarmonyOS 硬件生态开放的基础，提供统一的外设访问能力、驱动开发及管理框架。

1.3.2　系统服务层

系统服务层是 HarmonyOS 的核心能力集合，通过框架层对应用程序提供服务。该层包含以下几个部分：

    ❑ 系统基本能力子系统集：为分布式应用在 HarmonyOS 多设备上的运行、调度、迁移等操作提供了基础能力，由分布式软总线、分布式数据管理、分布式任务调度，以及方舟多语言运行时、公共基础库、多模输入、图形、安全和 AI 等子系统组成。其中，方舟多语言运行时提供了 C/C++/JS（JavaScript）等多语言运行时和基础的系统类库，也为使用方舟编译器静态化编译的 Java 程序（即应用程序或框架层中使用 Java 语言开发的部分）提供了运行时。

    ❑ 基础软件服务子系统集：为 HarmonyOS 提供公共的、通用的软件服务，由事件通知、电话、多媒体、DFX（Design For X）、MSDP&DV 等子系统组成。

    ❑ 增强软件服务子系统集：为 HarmonyOS 提供针对不同设备的、差异化的能力增强型软件服务，由智慧屏专有业务、穿戴专有业务、IoT 专有业务等子系统组成。

    ❑ 硬件服务子系统集：为 HarmonyOS 提供硬件服务，由位置服务、生物特征识别、穿戴专有硬件服务、IoT 专有硬件服务等子系统组成。

根据不同设备形态的部署环境，基础软件服务子系统集、增强软件服务子系统集、硬件服务子系统集内部可以按子系统粒度裁剪，每个子系统内部又可以按功能粒度裁剪。

1.3.3　框架层

框架层为 HarmonyOS 应用开发提供了 Java/C/C++/JS 等多语言的用户程序框架和 Ability 框架、两种 UI 框架（包括适用于 Java 语言的 Java UI 框架和适用于 JS 语言的 JS UI 框架），以及各种软硬件服务对外开放的多语言框架 API。根据系统的组件化裁剪程度，HarmonyOS 设备支持的 API 也会有所不同。

1.3.4　应用层

应用层包括系统应用和第三方非系统应用。HarmonyOS 的应用由一个或多个 FA（Feature Ability）或 PA（Particle Ability）组成。其中，FA 有 UI 界面，提供与用户交互的能力；而 PA 无 UI 界面，提供后台运行任务的能力以及统一的数据访问抽象。FA 在进行用户交互时所需的后台数据访问也需要由对应的 PA 提供支撑。基于 FA/PA 开发的应用能够实现特定的业务功能，支持跨设备调度与分发，为用户提供一致、高效的应用体验。

1.4　HarmonyOS 的技术特性

HarmonyOS 具备分布式软总线、分布式数据管理和分布式安全三大核心能力。多种设备之间能够实现硬件互助、资源共享，依赖的关键技术包括分布式软总线、分布式设备虚拟化、分布式数据管理、分布式任务调度等。

1.4.1　分布式软总线

分布式软总线是手机、平板电脑、智能穿戴、智慧屏、车机等分布式设备的通信基座，为设备之间的互联互通提供了统一的分布式通信能力，为设备之间的无感发现和零等待传输创造了条件。开发者只需要聚焦于业务逻辑的实现，无须关注组网方式与底层协议。分布式软总线的示意图如图 1-2 所示。

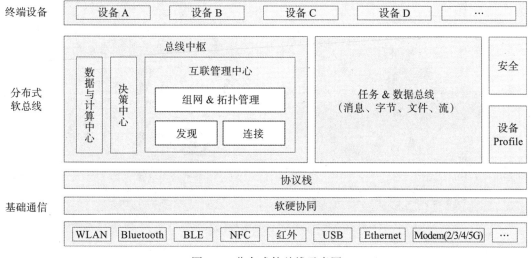

图 1-2　分布式软总线示意图

典型应用场景举例如下：

❑ 智能家居场景：在烹饪时，手机可以通过碰一碰与烤箱连接，并将自动按照菜谱设置烹调参数，控制烤箱来制作菜肴。与此类似，料理机、油烟机、空气净化器、空调、灯、窗帘等都可以在手机端显示并通过手机控制。设备之间即连即用，无须烦琐的配置。

❑ 多屏联动课堂：老师通过智慧屏授课，与学生开展互动，营造课堂氛围；学生通过手机完成课程学习和随堂问答。统一、全连接的逻辑网络确保了传输通道的高带宽、低时延、高可靠。

1.4.2 分布式设备虚拟化

分布式设备虚拟化平台可以实现不同设备的资源融合、设备管理和数据处理，多种设备共同形成一个超级虚拟终端。针对不同类型的任务，为用户匹配并选择能力合适的执行硬件，让业务连续地在不同设备间流转，充分发挥不同设备的能力优势，如显示能力、摄像能力、音频能力、交互能力以及传感器能力等。分布式设备虚拟化示意图如图 1-3 所示。

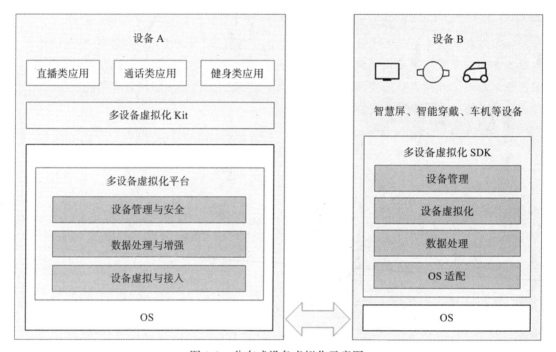

图 1-3　分布式设备虚拟化示意图

典型应用场景举例如下：

❑ 视频通话场景：在做家务时接听视频电话，可以将手机与智慧屏连接，并将智慧屏的屏幕、摄像头与音箱虚拟化为本地资源，替代手机自身的屏幕、摄像头、听筒与扬声器，实现一边做家务、一边通过智慧屏和音箱来进行视频通话。

❑ 游戏场景：在智慧屏上玩游戏时，可以将手机虚拟化为遥控器，借助手机的重力传感器、加速度传感器、触控能力，为玩家提供更便捷、更流畅的游戏体验。

1.4.3 分布式数据管理

分布式数据管理基于分布式软总线的能力，实现应用程序数据和用户数据的分布式管理。用户数据不再与单一物理设备绑定，业务逻辑与数据存储分离，跨设备的数据处理如同本地数据处理一样方便快捷，让开发者能够轻松实现全场景、多设备下的数据存储、共享和访问，为打造一致、流畅的用户体验创造了基础条件。分布式数据管理示意图如图 1-4 所示。

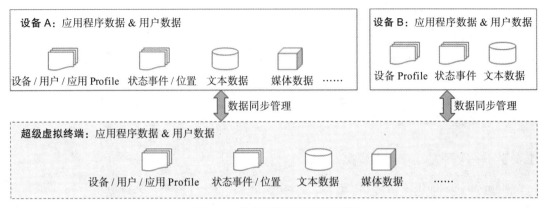

图 1-4　分布式数据管理示意图

典型应用场景举例如下：

❑ 协同办公场景：将手机上的文档投屏到智慧屏，在智慧屏上对文档执行翻页、缩放、涂鸦等操作，文档的最新状态可以在手机上同步显示。

❑ 家庭出游场景：一家人出游时，妈妈用手机拍了很多照片。通过家庭照片共享，爸爸可以在自己的手机上浏览、收藏和保存这些照片，家中的爷爷奶奶也可以通过智慧屏浏览这些照片。

1.4.4　分布式任务调度

分布式任务调度基于分布式软总线、分布式数据管理、分布式 Profile 等技术特性，构建统一的分布式服务管理（发现、同步、注册、调用）机制，支持对跨设备的应用进行远程启动、远程调用、远程连接以及迁移等操作，能够根据不同设备的能力、位置、业务运行状态、资源使用情况，以及用户的习惯和意图，选择合适的设备运行分布式任务。

图 1-5 以应用迁移为例，简要地展示了分布式任务调度能力。

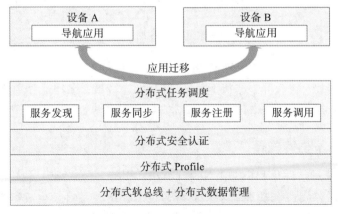

图 1-5　分布式任务调度能力

典型应用场景举例如下：

❑ 导航场景：用户驾车出行，上车前，在手机上规划好导航路线；上车后，导航自动
迁移到车机和车载音箱；下车后，导航自动迁移回手机。用户骑车出行，在手机上
规划好导航路线，骑行时手表可以接续导航。

❑ 外卖场景：在手机上点外卖后，可以将订单信息迁移到手表上，随时查看外卖的配
送状态。

1.4.5　一次开发，多端部署

HarmonyOS 提供了用户程序框架、Ability 框架以及 UI 框架，支持应用开发过程中多
终端的业务逻辑和界面逻辑的复用，能够实现应用的一次开发、多端部署，提升了跨设备
应用的开发效率。一次开发、多端部署示意图如图 1-6 所示。

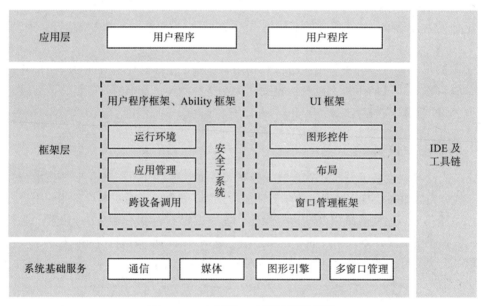

图 1-6　一次开发、多端部署示意图

其中，UI 框架支持 Java 和 JS 两种开发语言，并提供了丰富的多态控件，可以在手机、
平板电脑、智能穿戴、智慧屏、车机上显示不同的 UI 效果；采用业界主流设计方式，提供
多种响应式布局方案，支持栅格化布局，满足不同屏幕的界面适配能力。

1.4.6　统一 OS，弹性部署

HarmonyOS 通过组件化和小型化等设计方法，支持多种终端设备按需弹性部署，能够
适配不同类别的硬件资源和功能需求；支持通过编译链关系自动生成组件化的依赖关系，
形成组件树依赖图，支持产品系统的便捷开发，降低硬件设备的开发门槛。

- ❑ 支持各组件的选择（组件可有可无）：根据硬件的形态和需求，可以选择所需的组件。
- ❑ 支持组件内功能集的配置（组件可大可小）：根据硬件的资源情况和功能需求，可以选择配置组件中的功能集。例如，选择配置图形框架组件中的部分控件。
- ❑ 支持组件间依赖的关联（平台可大可小）：根据编译链关系，可以自动生成组件的依赖关系。例如，选择图形框架组件，将会自动选择依赖的图形引擎组件等。

1.5 HarmonyOS 的应用场景

1.5.1 HarmonyOS 不只是用于手机

HarmonyOS 的诞生，其目标不只是用在手机上。换句话说，它不只是简单地代替安卓系统。我们应该先理解华为的战略："1+8+N"战略，这样再重新度量 HarmonyOS，就会发现 HarmonyOS 诞生的价值所在了。

1. 华为 "1+8+N" 战略

从图 1-7 中我们可以看到，华为战略 "1+8+N" 中的 "1" 就是以华为手机用户为中心和起点，首先扩展 8 大高频场景：大屏、音响、眼镜、手表、车机、耳机、PC、平板。而 "N" 代表的是万物互联，也就是现在非常热门的物联网，它主要应用于以下领域：智能家居、运动健康、影音娱乐、智慧出行、移动办公。

技术最终是以产品为核心，而产品的核心是以用户对产品的体验为中心。只有用户对产品的体验感到非常满意，最终以人和用户体验为中心的战略才是非常成功的。

但现有操作系统无法满足需要。为什么这样说呢？我们平时所见的安卓系统、Linux 操作系统，以及在实时领域应用最为广泛的 RTOS（实时操作系统），都只能单一地应用于某个领域，无法满足华为 "1+8+N" 的需求，以及未来统一一个操作系统的需求。而 HarmonyOS 的诞生很好地满足了华为 "1+8+N" 战略的需求。

2. HarmonyOS 是面向 AIoT 的下一代操作系统

AIoT = AI + IoT。AI（Artificial Intelligence）就是人工智能的意思，IoT（Internet of Things）就是物联网的意思，也就是说 AIoT 融合了这两项技术。AI 的内核是智能化，IoT 的内核是万物互联。

在 AIoT 时代使用的还是手机，手机具有用户习惯、产业惯性、成熟应用生态的优势。但在未来，手机仍然是中心但并不是唯一，各种智能硬件会应运而生，并呈井喷式发展。

因此，AIoT 时代需要能运行在各种场景、各种硬件上的分布式 OS，典型的就是 HarmonyOS，在各个产品内部运行 HarmonyOS 之后，这些产品的内部功能可以结合在一起。各智能硬件需 "万物互联"，HarmonyOS 便是在这样的需求之下应运而生。

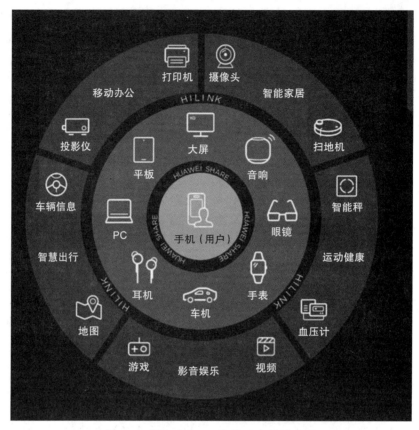

图 1-7　华为"1+8+N"战略产品示意图

3. 鸿蒙手机兼容实现现有手机功能

在智能手机取代功能机的时代，首先要考虑与功能机的兼容。任何产品的出现都会兼容老产品的功能；如果新出现的产品不兼容老产品的功能，就会让用户第一时间很难适应，而且客户本身也有可能需要老产品的功能。所以，任何新产品一定要兼容老产品的功能。

鸿蒙手机会尽量兼容安卓生态，以方便原有资源的迁移。从华为的"1+8+N"战略来看，鸿蒙手机是必然要兼容安卓生态的，也就是说，在鸿蒙手机上也能实现安卓系统所拥有的功能。

借助 EMU，华为手机可以从安卓系统无缝地切换为 HarmonyOS。简单理解就是，类似于平时在平板电脑或者 PC 上可以同时安装多个操作系统的情况。当要使用哪个操作系统时，用户就可以切换到那个操作系统并进行相应的操作。比如，用户的电脑上安装了 Windows 和 Linux 双系统。如果当前正在使用 Linux，突然用户要使用某个软件，但是 Linux 系统没有，那么这个时候，用户只要利用某种方法切换到 Windows 系统即可。

不使用新特性时，鸿蒙手机"看起来像"安卓手机。使用 HarmonyOS 新特性，就会发生很多"很酷"的事情。最为直接的就是分布式特性了，这里举个现实生活中的例子——多人办公开会。以前我们使用投影仪或者视频开会，都是一个人在讲，其他人如果想要发表意见，是不能操作主题内容的；但是在 HarmonyOS 的分布式特性应用场景中，在特定情况下每个人都是可以操作主题内容的。

4. HarmonyOS 的高度远不止用于手机

鸿蒙手机的战略计划是着眼未来的，而不是怀念过去。

智能手机行业已经足够成熟。当前手机行业经历了快速发展的黄金时期，从昂贵的"大哥大"，到现在人手一部甚至好几部的智能手机，可以说手机行业已经非常成熟了，但是想要在新的领域有新方向的发展突破，就必须要有创新的活力。

HarmonyOS 面向 AIoT，将在下一代 OS 竞赛起点超越对手，因为 HarmonyOS 既融合了传统操作系统的已有特点，又引领了未来操作系统发展的新方向。

1.5.2　HarmonyOS 的典型应用

为了让大家能够更好地理解 HarmonyOS 的强大之处，我们通过更多实际场景应用来举例说明。

1. 运动手表和手机互动导航

例如腕上信息中心：穿戴和手机信息展示多端互助，打破设备壁垒，扩展设备能力，如图 1-8 所示。

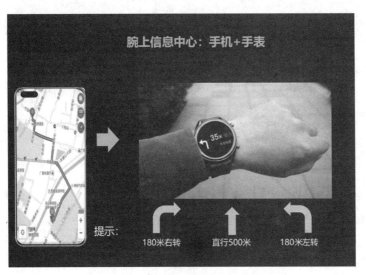

图 1-8　运动手表和手机互动导航应用场景

我们发现在雨天打车的时候，特别是当手上提了很多东西时肯定不方便看手机。但是如果采用 HarmonyOS，就可以把手机上的信息显示到手表上，或者通过语音播报出来，这样就能极大地方便我们出行。

此外我们发现，现在大家都喜欢走路或者骑车时低头查询地图导航，但是这样很容易引发安全事故。为了解决这个问题，我们同样可以采用 HarmonyOS，把手机上的地图导航信息发送到手表上，通过语音播报来获取导航信息，这样就不会出现低头查询地图导航的情况了。

2. 运动摄像头共享打造超级终端

图 1-9 是 HarmonyOS 的另外一个应用场景，在拍摄运动场景的时候（比如滑雪和滑翔伞），直接用手机进行拍摄的效果不太好，此时可以采用搭载 HarmonyOS 的专业运动相机进行拍摄，然后利用 HarmonyOS 手机上的超级终端功能，方便地将运动相机的数据流转过来，就像是手机上装有多个摄像头，一键切换一样。

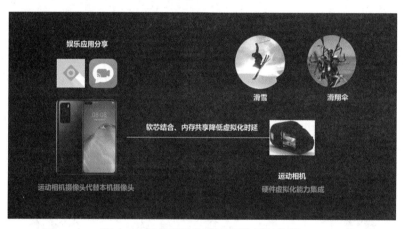

图 1-9　运动摄像头共享打造超级终端

总而言之，HarmonyOS 是面向场景的解决方案。分布式 OS 不仅仅可用于多设备适配，关键在于多设备协同，它将极大地赋能场景应用开发者进行创新。

1.6　小结

中国软件行业枝繁叶茂，但缺少"根"，希望 HarmonyOS 能够突破技术壁垒，打造出中国软件的"根"。我们开发爱好者也可以通过 HarmonyOS 应用开发、第三方组件开发和开源代码贡献等方式为鸿蒙生态发展贡献自己的一份绵薄之力。

工欲善其事，必先利其器，在下一章我们首先学习如何搭建 HarmonyOS 移动应用开发环境，然后通过后面六个类型和技术点不同的小型项目案例来学习 HarmonyOS 移动应用开发的相关知识点。

第 2 章 *Chapter 2*

HarmonyOS 应用开发入门

2.1 开发环境准备

2.1.1 开发环境的搭建流程

搭建 HarmonyOS App 开发环境主要包括两步：安装 Node.js，安装和配置集成开发环境 DevEco Studio。

DevEco Studio 支持 Windows 系统和 MacOS，在开发 HarmonyOS 应用前，需要准备 HarmonyOS 应用的开发环境。环境准备流程如图 2-1 所示。

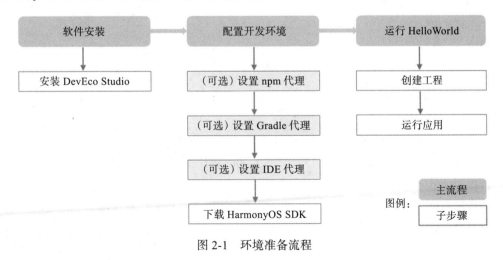

图 2-1　环境准备流程

下面以 Windows 10 操作系统为例进行环境安装。

为保证 DevEco Studio 正常运行，建议电脑配置满足如下要求：

❑ 操作系统：Windows 10（64 位）。

❑ 内存：8GB 及以上。

❑ 硬盘：100GB 及以上。

❑ 分辨率：1280×800 像素及以上。

2.1.2 安装 Node.js

在浏览器中输入 Node.js 官网下载链接：https://nodejs.org/zh-cn/download/，然后下载 LTS（长期支持）版的 64 位 Windows 安装包（扩展名是 msi），如图 2-2 所示。

图 2-2 Node.js 官网下载

双击安装包即可开始安装，然后依次不停单击 Next 按钮进入下一步安装即可，如图 2-3 所示。

在安装过程中可以根据自己的需要自由选择软件的安装路径。

要验证 Node.js 是否安装成功，可以使用 Win+R 快捷键打开运行窗口，输入 cmd 打开命令行窗口（见图 2-4）。

然后输入 node -v 查看是否安装成功。如果安装成功，则会出现图 2-5 中打印的版本号信息。

图 2-3　Node.js 安装步骤

图 2-4　验证 Node.js 是否安装成功（1）

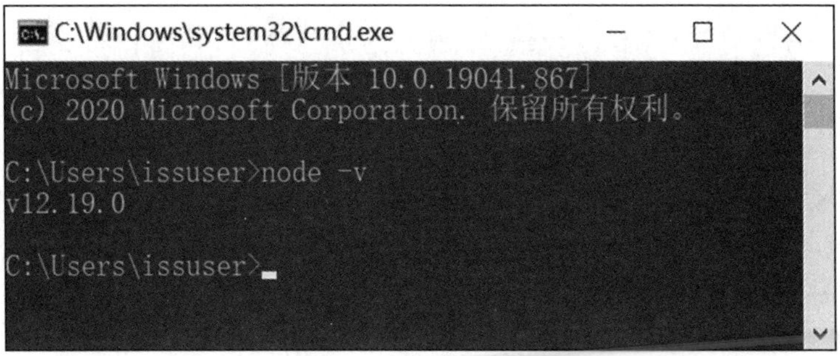

图 2-5　验证 Node.js 是否安装成功（2）

2.1.3 安装和配置 DevEco Studio

1. 登录 HarmonyOS 应用开发门户

打开 HarmonyOS 应用开发门户：https://developer.harmonyos.com/cn/home，点击右上角的"注册"按钮，注册开发者账号。注册指导可参考华为开发者联盟账号注册。如果已有华为开发者联盟账号，则直接点击"登录"按钮。

 说明 使用 DevEco Studio 远程模拟器需要华为开发者联盟账号进行实名认证，建议在注册华为开发者联盟账号后，立即提交实名认证审核，认证方式包括"个人实名认证"和"企业实名认证"，详情请参考门户网站中的实名认证流程。

2. 下载 DevEco Studio 安装包

DevEco Studio 下载页地址（见图 2-6）：https://developer.harmonyos.com/cn/develop/deveco-studio#download。

图 2-6　DevEco Studio 下载页

如果还没有登录华为账号，那么这里点击下载的时候会打开一个华为账号登录的页面，如图 2-7 所示。

登录华为账号之后，再单击下载图标即可进行下载了。

3. 根据安装向导进行安装

双击下载的 deveco-studio-xxxx.exe，进入 DevEco Studio 安装向导，单击 Next 按钮进入下一步，安装路径可以保持默认，也可以自由选择安装路径（见图 2-8）。

在图 2-9 所示的安装选项界面勾选"64-bit launcher"后，点击 Next，然后为 DevEco Studio 的快捷方式选择一个开始菜单的文件夹，这里使用默认的名称 Huawei 就可以了，然后单击 Install 进入下一步。

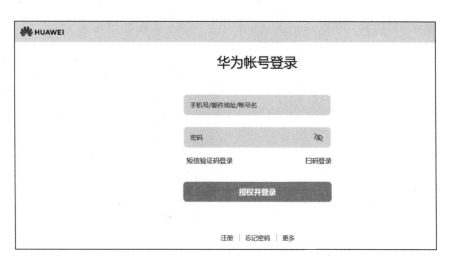

图 2-7　华为账号登录的页面

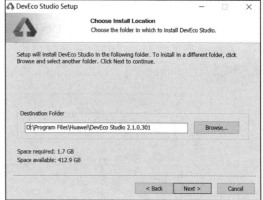

图 2-8　DevEco Studio 安装向导（1）

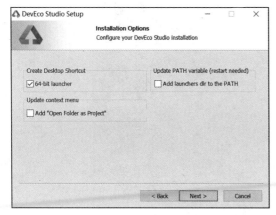

图 2-9　DevEco Studio 安装向导（2）

耐心等待一段时间，直到 DevEco Studio 安装完成，如图 2-10 所示。

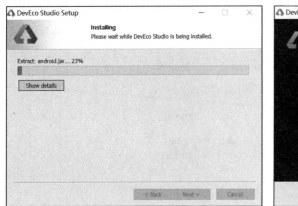

图 2-10　DevEco Studio 安装向导（3）

安装完成之后，选中 Run DevEco Studio 复选框，然后单击 Finish 按钮进入下一步。也可以不选中，后面自行从电脑打开 DevEco Studio。

首次运行的时候，在新打开的窗口中，选择国家地区（见图 2-11），这里选择 China，然后继续点击 Start using DevEco Studio 按钮。

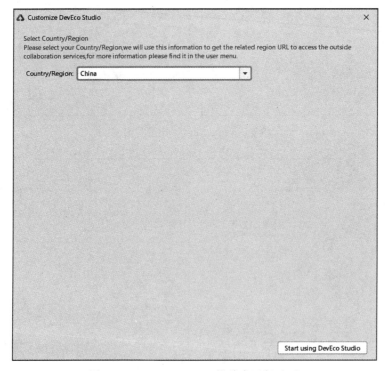

图 2-11　DevEco Studio 的首次运行（1）

在新打开的窗口中，需要确认已经阅读并且接受了用户许可协议中的条款和条件，单击 Agree 按钮进入下一步，如图 2-12 所示。

图 2-12　DevEco Studio 的首次运行（2）

如图 2-13 所示，在新打开的窗口中，下载相关的 SDK 组件，选择用来保存 SDK 的路径，然后单击 Next 按钮进入下一步。确认 SDK 设置信息与 License 声明，如图 2-14 所示。

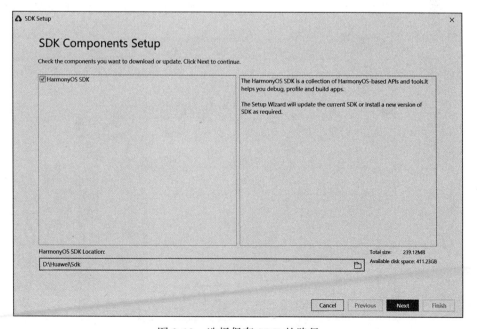

图 2-13　选择保存 SDK 的路径

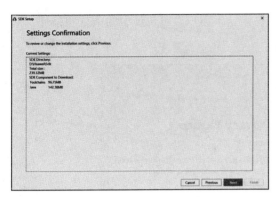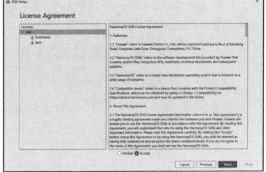

图 2-14　SDK 设置信息与 License 声明的确认

勾选 Accept，然后点击 Next 按钮，进入 SDK 安装过程，如图 2-15 和图 2-16 所示。

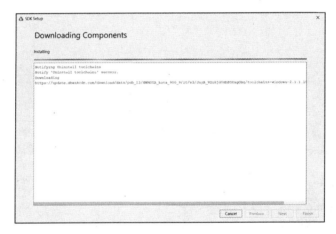

图 2-15　SDK 安装过程（1）

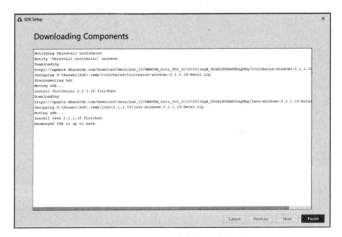

图 2-16　SDK 安装过程（2）

此处需要耐心等待一段时间，等待 SDK 安装完成，该时间受网速影响。

下载完成之后点击 Finish 按钮。此时会打开如图 2-17 所示运行窗口。

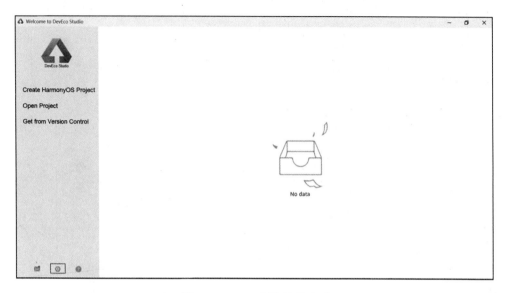

图 2-17　SDK 安装过程（3）

此时我们点击图中的设置图标，打开设置窗口，如图 2-18 所示。

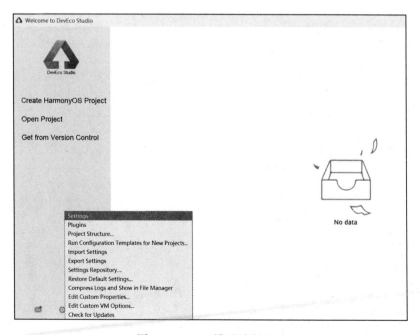

图 2-18　SDK 设置过程（1）

如图 2-19 所示，依次选中 System Settings > HarmonyOS SDK 菜单。

此时我们会发现 SDK Platforms 中的 JS 未被安装，SDK Tools 中的 Previewer 未被安装（见图 2-20）。由于我们后面需要使用 JS 进行 App 开发，并且要使用预览器进行预览，于是勾选这两个选项，然后点击 Apply 按钮进行安装。

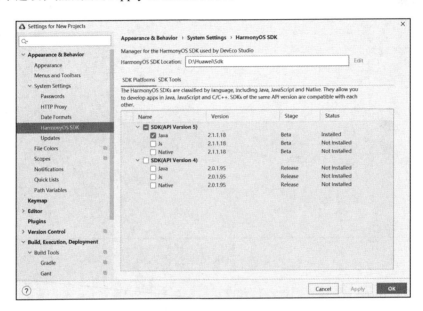

图 2-19　SDK 设置过程（2）

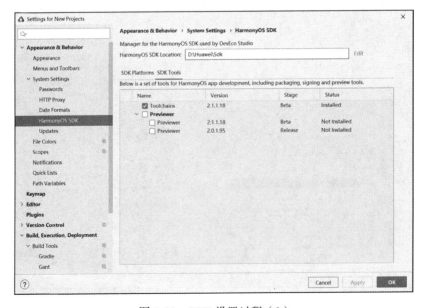

图 2-20　SDK 设置过程（3）

2.1.4　创建 Hello World 项目

搭建好开发环境之后，我们就可以新建一个入门的 Hello World 项目了。

HarmonyOS 提供了 Java 和 JS 两种编程语言进行 App 开发，因此下面分别用这两种编程语言来创建 Hello World。

（1）Hello World（Java）

打开 DevEco Studio，单击 Create HarmonyOS Project，创建一个鸿蒙项目，如图 2-21 所示。

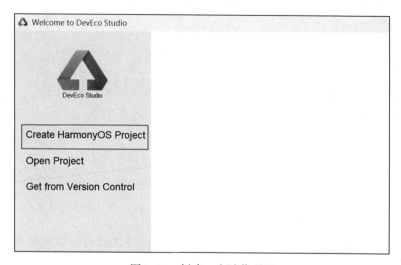

图 2-21　创建一个鸿蒙项目

在新打开的窗口中，首先选择 App 所运行的设备（Device）类型和使用的模板（Template）。这里我们 Device 选择 Phone，Template 选择 Empty Feature Ability（Java），如图 2-22 所示。

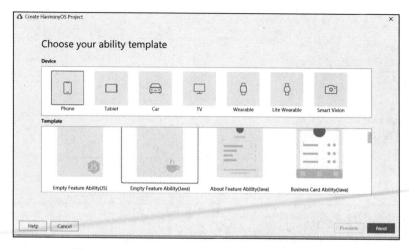

图 2-22　选择 App 所运行的设备类型和使用的模板

在新打开的窗口中，分别配置项目名称、包名、项目的保存位置和可兼容的 SDK，这里建议选择最新 SDK，如图 2-23 所示。

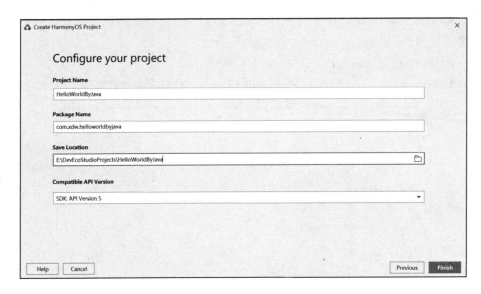

图 2-23　配置项目名称、包名、项目的保存位置和可兼容的 SDK

单击 Finish 按钮之后，就创建了一个由 Java 语言开发的支持手机端的 Hello World 项目，如图 2-24 所示。

图 2-24　Hello World 项目

注意　在项目刚创建完成的时候，请耐心等待项目的初始化完成，而不要进行其他操作，这里会初始化 Gradle 并且下载相关依赖包，需要一段时间。

由于截止到本书完稿，华为还没有开放本机模拟器，因此需要将本地代码编译好之后发送到远程模拟器上运行。

下面我们来创建远程模拟器。首先点击 DevEco Studio 菜单栏的 Tools > HVD Manager 选项，如图 2-25 所示。

图 2-25　创建远程模拟器

如果没有登录华为账号，则会弹出下面登录华为账号的认证页面（见图 2-26）。

图 2-26　登录华为账号的认证页面

输入用户名和密码，验证完成之后，点击"允许"按钮，如图 2-27 所示。

回到 DevEco Studio 中会弹出如图 2-28 所示的窗口，点击 Accept。

然后就可以看到 HVD Manager 中各类远程模拟器的选择窗口了，如图 2-29 所示。

这里的 API 等级对应之前我们选择项目的 SDK 等级，之前创建的是支持 Phone SDK5 的 App，于是这里选择 P40 API 这个模拟器，然后点击启动图标按钮，即可启动模拟器，如图 2-30 所示。

图 2-27　登录华为账号

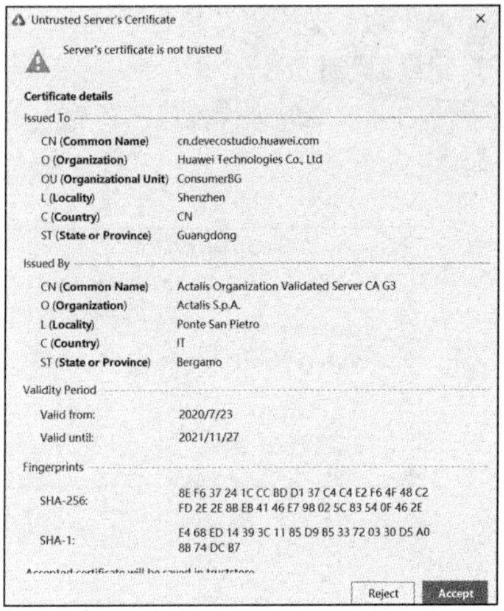

图 2-28　回到 DevEco Studio

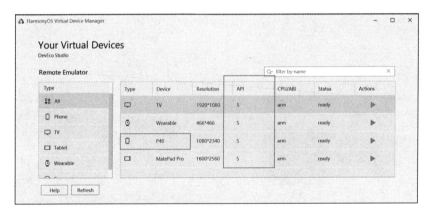

图 2-29　各类远程模拟器的选择窗口

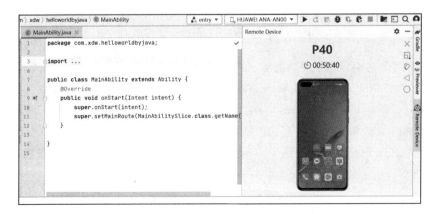

图 2-30　启动模拟器

这里显示的模拟器窗口是内嵌在开发工具中的，我们可以选择模拟器的设置菜单，自行设置模拟器窗口模式，比如选择 Window 模式，让模拟器能最大化显示，如图 2-31 和图 2-32 所示。

图 2-31　自行设置模拟器窗口模式（1）

图 2-32　自行设置模拟器窗口模式（2）

> **注意** 目前远程模拟器的使用有时长限制，最多使用 1 个小时，之后资源会被自动回收，要想继续使用则需要重新创建并启动模拟器，这时之前模拟器上的数据都会丢失。

创建好模拟器之后我们就可以在模拟器上运行之前的 Hello World 项目了，点击图 2-33 中标注的启动图标，即可运行该 App。

这里的 entry 是项目默认创建的 Module，ANA-AN00 就是指远端 P40 手机模拟器。

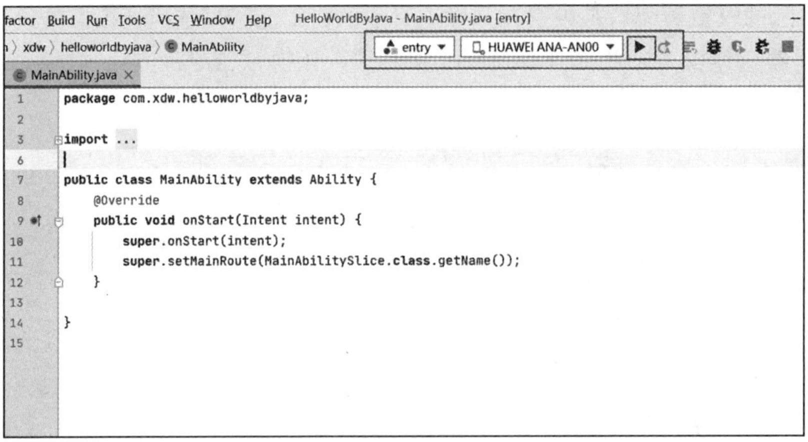

```
factor  Build  Run  Tools  VCS  Window  Help        HelloWorldByJava - MainAbility.java [entry]
) xdw ) helloworldbyjava ) MainAbility            [ entry ▼ ] [ HUAWEI ANA-AN00 ▼ ]  ▶ ⌢  ⬚ ⚙ ⬚ ⬚ ■
MainAbility.java ×
1    package com.xdw.helloworldbyjava;
2
3   import ...
6    |
7    public class MainAbility extends Ability {
8        @Override
9        public void onStart(Intent intent) {
10           super.onStart(intent);
11           super.setMainRoute(MainAbilitySlice.class.getName());
12       }
13
14   }
15
```

图 2-33　运行该 App

　　耐心等待代码编译、App 安装运行完成，之后就可以在模拟器中查看已启动的 App，如图 2-34 所示。

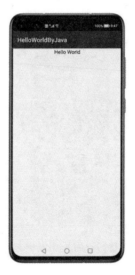

图 2-34　在模拟器中查看已启动的 App

（2）Hello World（JS）

创建一个项目，Device 依旧是选择 Phone，但 Template 选择 Empty Feature Ability（JS），如图 2-35 所示。

然后设置项目名称、包名、存储位置等，如图 2-36 所示。

创建好的项目如图 2-37 所示。

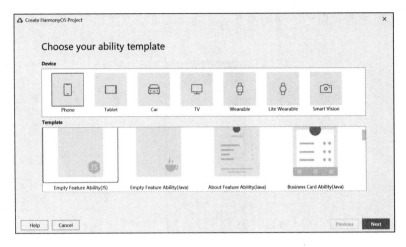

图 2-35　创建一个项目

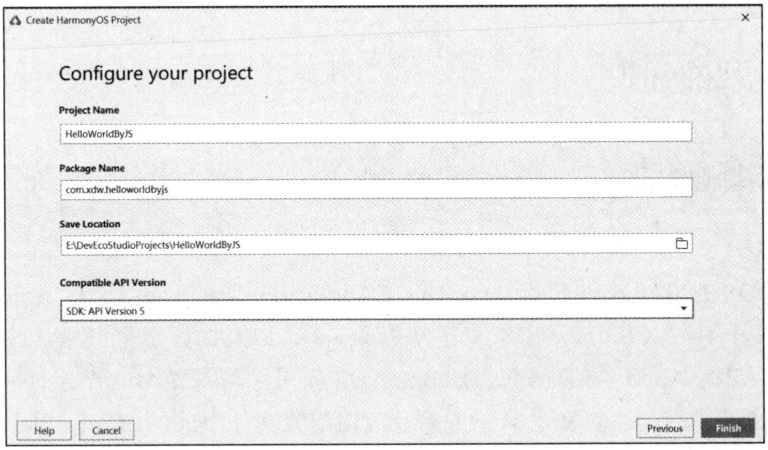

图 2-36　设置项目名称、包名、存储位置

图 2-37　创建好的项目

由于模拟器之前我们已经创建并开启，故此时可以直接运行该项目，运行后效果如图 2-38 所示。

图 2-38　运行效果图

2.2　开发基础知识

2.2.1　应用基础知识

1. App

HarmonyOS 的应用软件包以 App Pack（Application Package，简称 App）形式发布，它由一个或多个 HAP（HarmonyOS Ability Package），以及描述每个 HAP 属性的 pack.info 文件组成。HAP 是 Ability 的部署包，HarmonyOS 应用代码围绕 Ability 组件展开。

一个 HAP 是由代码、资源、第三方库及应用配置文件组成的模块包，可分为 Entry 和 Feature 两种模块类型，如图 2-39 所示。

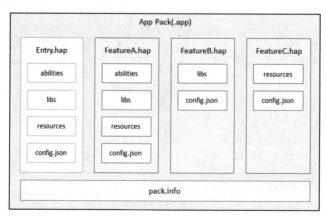

图 2-39　HAP 组成

Entry：应用的主模块。在一个 App 中，对于同一设备类型，必须有且只有一个 Entry 类型的 HAP，可独立安装运行。

Feature：应用的动态特性模块。一个 App 可以包含一个或多个 Feature 类型的 HAP，也可以不包含。只有包含 Ability 的 HAP 才能够独立运行。

2. Ability

Ability 是应用所具备的能力的抽象，一个应用可以包含一个或多个 Ability。Ability 分为两种类型：FA（Feature Ability）和 PA（Particle Ability）。FA/PA 是应用的基本组成单元，能够实现特定的业务功能。FA 有 UI 界面，而 PA 无 UI 界面。

3. 库文件

库文件是应用依赖的第三方代码（例如 so、jar、bin、har 等二进制文件），存放在 libs 目录中。

4. pack.info

pack.info 描述应用软件包中每个 HAP 的属性，由 IDE 编译生成，应用市场根据该文件进行拆包和 HAP 的分类存储。HAP 的具体属性包括：

- ❏ delivery-with-install：表示该 HAP 是否支持随应用安装。true 表示支持随应用安装；false 表示不支持随应用安装。
- ❏ name：HAP 文件名。
- ❏ module-type：模块类型，entry 或 feature。
- ❏ device-type：表示支持该 HAP 运行的设备类型。

5. HAR

HAR（HarmonyOS Ability Resources）可以提供构建应用所需的所有内容，包括源代码、资源文件和 config.json 文件。HAR 不同于 HAP，HAR 不能独立安装运行在设备上，只能作为应用模块的依赖项被引用。

2.2.2　应用配置文件

应用的每个 HAP 的根目录下都存在一个 config.json 配置文件，文件内容主要涵盖以下三个方面：

- ❏ 应用的全局配置信息，包含应用的包名、生产厂商、版本号等基本信息。
- ❏ 应用在具体设备上的配置信息，包含应用的备份恢复、网络安全等能力。
- ❏ HAP 包的配置信息，包含每个 Ability 必须定义的基本属性（如包名、类名、类型以及 Ability 提供的能力），以及应用访问系统或其他应用受保护部分所需的权限等。

配置文件 config.json 采用 JSON 文件格式，其中包含了一系列配置项，每个配置项由属性和值两部分构成：

❑ 属性。属性的出现顺序不分先后，且每个属性最多只允许出现一次。

❑ 值。每个属性的值为 JSON 的基本数据类型（数值、字符串、布尔值、数组、对象或者 null 类型）。关于属性值需要引用资源文件的情况，可参见 2.2.3 节。

关于配置文件中元素的配置内容，详见华为官方文档（https://developer.harmonyos.com/cn/docs/documentation/doc-guides/basic-config-file-elements-0000000000034463），关于配置文件的具体使用会在后面项目案例中用到的时候穿插讲解。

2.2.3 应用资源文件

应用资源文件（字符串、图片、音频等）统一存放于 resources 目录下，便于开发者使用和维护。resources 目录包括两大类目录，一类为 base 目录与限定词目录，另一类为 rawfile 目录。

资源目录示例如图 2-40 所示。

```
resources
|---base  // 默认存在的目录
|    |---element
|    |    |---string.json
|    |---media
|    |    |---icon.png
|---en_GB-vertical-car-mdpi // 限定词目录示例，需要开发者自行创建
|    |---element
|    |    |---string.json
|    |---media
|    |    |---icon.png
|---rawfile  // 默认存在的目录
```

图 2-40　资源目录示例

base 目录与限定词目录下面可以创建资源组目录（包括 element、media、animation、layout、graphic、profile），用于存放特定类型的资源文件，详见图 2-41。

关于资源文件的使用，详见华为官方文档（https://developer.harmonyos.com/cn/docs/documentation/doc-guides/basic-resource-file-example-0000001051733014），关于资源文件的具体使用会在后面项目案例中用到的时候穿插讲解。

资源组目录	目录说明	资源文件
element	表示元素资源，以下每一类数据都采用相应的 JSON文件来表征。 • boolean，布尔型 • color，颜色 • float，浮点型 • intarray，整型数组 • integer，整型 • pattern，样式 • plural，复数形式 • strarray，字符串数组 • string，字符串	element目录中的文件名称建议与下面的文件名保持一致。每个文件中只能包含同一类型的数据。 • boolean.json • color.json • float.json • intarray.json • integer.json • pattern.json • plural.json • strarray.json • string.json
media	表示媒体资源，包括图片、音频、视频等非文本格式的文件。	文件名可自定义，例如：icon.png。
animation	表示动画资源，采用XML文件格式。	文件名可自定义，例如：zoom_in.xml。
layout	表示布局资源，采用XML文件格式。	文件名可自定义，例如：home_layout.xml。
graphic	表示可绘制资源，采用XML文件格式。	文件名可自定义，例如：notifications_dark.xml。
profile	表示其他类型文件，以原始文件形式保存。	文件名可自定义。

图 2-41　资源组目录

2.2.4　工程管理

1. 工程结构介绍

（1）HarmonyOS App 工程结构

在进行 HarmonyOS 应用开发前，你应该掌握 HarmonyOS 应用的逻辑结构（见图 2-42）。

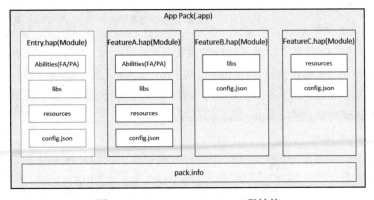

图 2-42　HarmonyOS App 工程结构

　　HarmonyOS 应用以 App Pack 的形式发布，它是由一个或多个 HAP 以及描述 App Pack 属性的 pack.info 文件组成。

　　一个 HAP 在工程目录中对应一个 Module，它由代码、资源、第三方库及应用配置文件组成，可以分为 Entry 和 Feature 两种类型。

　　HAP 是 Ability 的部署包。HarmonyOS 应用代码围绕 Ability 组件展开，它是由一个或多个 Ability 组成。Ability 分为两种类型：FA（元程序）和 PA（元服务）。

　　（2）工程目录结构

　　Java 工程目录结构如图 2-43 所示。

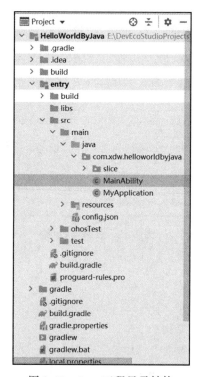

图 2-43　Java 工程目录结构

以下是该目录结构中部分目录和文件的说明：

❑ .gradle：Gradle 配置文件，由系统自动生成，一般情况下不需要进行修改。

❑ entry：默认启动模块（主模块），开发者用于编写源码文件以及开发资源文件的目录。

❑ entry > libs：用于存放 entry 模块的依赖文件。

❑ entry > src > main > Java：用于存放 Java 源码。

❑ entry > src > main > resources：用于存放应用所用到的资源文件，如图形、多媒体、字符串、布局文件等（见图 2-44）。关于资源文件的详细说明，请参考资源文件的分类（见 2.2.3 节）。

资源目录	资源文件说明
base>element	包括字符串、整型数、颜色、样式等资源的json文件。每个资源均由json格式进行定义，例如： • boolean.json：布尔型 • color.json：颜色 • float.json：浮点型 • intarray.json：整型数组 • integer.json：整型 • pattern.json：样式 • plural.json：复数形式 • strarray.json：字符串数组 • strings.json：字符串值
base>graphic	xml类型的可绘制资源，如SVG（Scalable Vector Graphics）可缩放矢量图形文件、Shape基本的几何图形（如矩形、圆形、线等）等。
base>layout	xml格式的界面布局文件。
base>media	多媒体文件，如图形、视频、音频等文件，支持的文件格式包括：**.png**、**.gif**、**.mp3**、**.mp4**等。
base>profile	用于存储任意格式的原始资源文件。区别在于rawfile不会根据设备的状态去匹配不同的资源，需要指定文件路径和文件名进行引用。
rawfile	

图 2-44　资源文件说明

❑ entry > src > main > config.json：HAP 清单文件，详细说明请参考 config.json 配置文件的介绍。

❑ entry > src > test：编写代码单元测试代码的目录，运行在本地 Java 虚拟机（JVM）上。

❑ entry > .gitignore：标识 Git 版本管理需要忽略的文件。

❑ entry > build.gradle：entry 模块的编译配置文件。

JS 工程目录结构如图 2-45 所示。

以下是该目录结构中部分目录和文件的说明：

❑ common：可选，用于存放公共资源文件，如媒体资源、自定义组件和 JS 文档等。

❑ i18n：可选，用于存放多语言的 json 文件，可以在该目录下定义应用在不同语言系统下显示的内容，如应用文本词条、图片路径等。

图 2-45　JS 工程目录结构

❑ pages：pages 文件夹下可以包含 1 个或多个页面，每个页面都需要创建一个文件夹（如图 2-45 中的 index）。页面文件夹下主要包含 3 种文件类型，即 css、js 和 hml 文件。

❑ pages > index > index.html 文件：hml 文件定义了页面的布局结构、使用到的组件，以及这些组件的层级关系。

❑ pages > index > index.css 文件：css 文件定义了页面的样式与布局，包含样式选择器和各种样式属性等。

❑ pages > index > index.js 文件：js 文件描述了页面的行为逻辑，此文件里定义了页面里所用到的所有逻辑关系，比如数据、事件等。

❑ resources：可选，用于存放资源配置文件，比如全局样式、多分辨率加载等配置文件。

❑ app.js：全局的 JavaScript 逻辑文件和应用的生命周期管理。

2. 适配历史工程

由于最新版本的 HarmonyOS SDK 对应的 API 版本发生了跃迁，原有的 API Version 3 变成了 API Version 4，原有的 API Version 4 变成了当前的 API Version 5。因此，使用最新版本的 DevEco Studio 打开历史工程，需要对历史工程进行适配；如果历史工程未做适配，则会导致工程出现运行错误。

在打开历史工程前，建议先点击 Help > Check for Updates，检查并升级 DevEco Studio 至最新版本；点击 Tools > SDK Manager，检查并升级 SDK 及工具链版本至最新版本。

使用 DevEco Studio 打开历史工程，会提示将历史工程进行升级适配。点击 Update，工具会自动修改工程中的配置信息，包括：

❑ 升级 config.json 和 build.gradle 中的 API Version。

❑ 升级编译构建插件版本为 2.4.2.4。

❑ 升级 config.json 中的 releaseType 字段的值为 Beta1。

❑ 在 build.gradle 中添加 OHOS 测试框架的依赖。

工程升级前后的 config.json 关键字段对比如图 2-46 所示。

compatible/target/releaseType (适配前)	compatible/target/releaseType (适配后)
3/3/-	4/5/Beta1
3/4/Beta1	4/5/Beta1
3/4/Beta2	4/5/Beta1
4/4/Beta1	5/5/Beta1
4/4/Beta2	5/5/Beta1

图 2-46　工程升级前后的 config.json 关键字段对比

3. 在工程中管理模块

模块（Module）是 HarmonyOS 应用的基本功能单元，包含了源代码、资源文件、第三方库及应用配置文件，每一个模块都可以独立编译和运行。一个 HarmonyOS 应用通常会包含一个或多个模块，因此，可以在工程中创建多个模块，每个模块分为 Ability 和 Library（HarmonyOS Library 和 Java Library）两种类型。

从前面关于 HarmonyOS 工程的介绍可知，在一个 App 中，对于同一类型设备有且只有一个 Entry 模块，其余模块的类型均为 Feature。因此，在创建一个类型为 Ability 的模块时，遵循如下原则：

❑ 若新增模块的设备类型为"已有设备"，则模块的类型将自动设置为 Feature。

❑ 若新增模块的设备类型为"当前还没有创建模块"，则模块的类型将自动设置为 Entry。

（1）新增模块

通过如下两种方法，在工程中添加新的模块。

方法 1：鼠标移到工程目录顶部，点击鼠标右键，选择 New > Module，开始创建新的模块。

方法 2：在菜单栏选择 File > New > Module，开始创建新的模块。

在 New Project Module 界面中，选择模块对应的设备类型和模板（见图 2-47）。

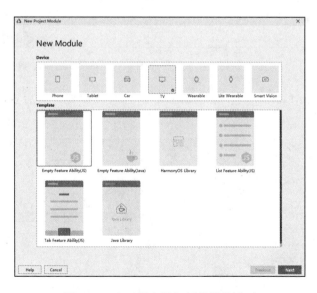

图 2-47 在工程中添加新的模块（1）

点击 Next，在模块配置页面设置新增模块的基本信息（见图 2-48）。

模块类型为 Ability 或者 HarmonyOS Library 时，请根据如下内容进行设置，然后点击 Next（见图 2-48）。

❑ Application/Library name：新增模块所属的类名称。

❑ Module Name：新增模块的名称。

❑ Module Type：仅模块类型为 Ability 时存在，工具自动根据设备类型下的模块进行设置，设置规则请参考 Ability 的模块类型设置原则。

❑ Package Name：软件包名称，可以点击 Edit 修改默认包名称，须全局唯一。

❑ Compatible SDK：兼容的 SDK 版本。

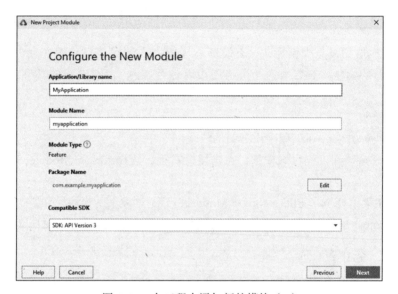

图 2-48　在工程中添加新的模块（2）

模块类型为 Java Library 时，请根据如下内容进行设置，然后点击 Finish 完成创建（见图 2-49）。

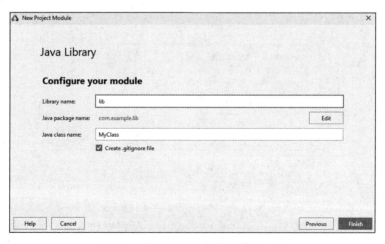

图 2-49　在工程中添加新的模块（3）

❑ Library name：Java Library 类名称。

❑ Java package name：软件包名称，可以点击 Edit 修改默认包名称，须全局唯一。

❑ Java class name：Java 类文件名称。

❑ Create .gitignore file：是否自动创建 .gitignore 文件，勾选表示创建。

设置新增 Ability 的 Page Name。若该模块的类型为 Ability，则还需要设置 Visible 参数，表示该 Ability 是否可以被其他应用所调用。

❑ 勾选（true）：可以被其他应用调用。

❑ 不勾选（false）：不能被其他应用调用。

点击 Finish，等待创建完成后，可以在工程目录中查看和编辑新增的模块。

（2）删除模块

为防止开发者在删除模块的过程中，误将其他模块删除，DevEco Studio 提供统一的模块管理功能，需要先在模块管理中移除对应的模块后，才允许删除。

在菜单栏中选择 File > Project Structure > Modules，选择需要删除的模块，点击减号按钮，然后在弹出的对话框中点击 Yes，如图 2-50 所示。

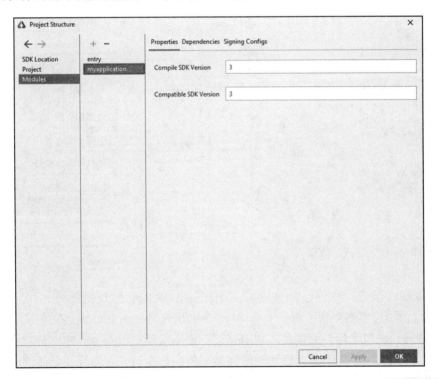

图 2-50　删除模块

然后，在工程目录中选中该模块，点击鼠标右键，选中 Delete，并在弹出的对话框中点击 Delete。

2.3 小结

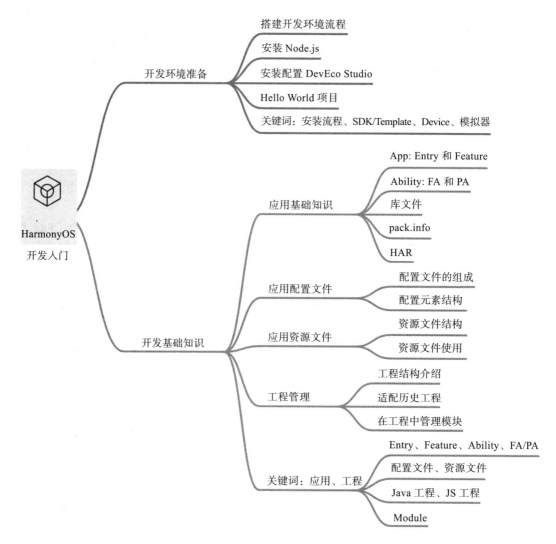

通过本章的学习，我们已经搭建好了 HarmonyOS App 的开发环境，并且通过两个 Hello World 的项目案例分别了解了 Java 和 JS 是如何开发 App 的，通过它们了解到工程结构、模块管理、资源文件、配置文件、Ability 等重要基础知识，为后续项目案例开发打下基础。在后续内容中，我们将通过各种不同类型的项目案例开发实战，穿插讲解项目开发所需要的各类知识点。

实战项目一：计算器（Java UI）

在上一章我们已经搭建好了 HarmonyOS App 的开发环境，并且通过一个 Hello World 入门案例了解了工程结构、Module、资源文件、配置文件等基础知识。后面我们将通过一个个项目案例详细讲解 HarmonyOS App 的开发技能。

3.1 UI 效果图与知识点

图 3-1 展示了计算器 UI 效果图。

图 3-1 UI 效果图

功能实现步骤分解图如图 3-2 所示。

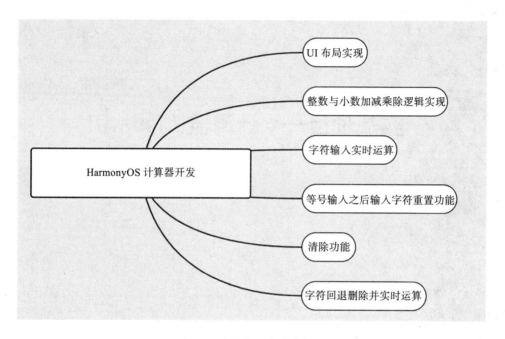

图 3-2　功能实现步骤分解图

涉及知识点图谱如图 3-3 所示。

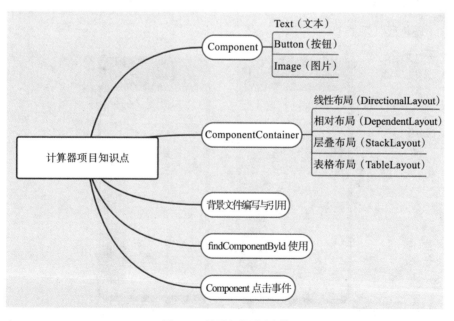

图 3-3　涉及知识点图谱

3.2　核心概念

下面我们需要按照上面呈现的 UI 效果图来绘制出界面，本项目我们主要采用 Java UI 框架来进行 UI 开发。Java UI 框架提供了两种方式来编写 UI，一种是纯 Java 代码实现，一种是 xml 文件实现。本项目中的 UI 页面主要是通过使用 xml 文件编写组件和布局来实现的。

3.2.1　组件和布局

用户界面元素统称为组件，组件根据一定的层级结构进行组合形成布局。

组件在未被添加到布局中时，既无法显示也无法交互，因此一个用户界面至少包含一个布局。

在 UI 框架中，具体的布局类通常以 XXLayout 命名。完整的用户界面是一个布局，用户界面中的一部分也可以是一个布局。

布局中容纳 Component 与 ComponentContainer 对象。

3.2.2　Component 和 ComponentContainer 的介绍

Component 提供内容显示，是界面中所有组件的基类，开发者可以给 Component 设置事件处理回调来创建一个可交互的组件。图 3-4 给出了 Component 的结构图。

Java UI 框架提供了一部分 Component 和 ComponentContainer 的具体子类，即创建用户界面（UI）的各类组件和常用的布局。

ComponentContainer 作为容器容纳 Component 或 ComponentContainer 对象，并对它们进行布局。

Java UI 框架提供了一些包含标准布局功能的容器，它们继承自 ComponentContainer，一般以 Layout 结尾，如 DirectionalLayout、DependentLayout 等。

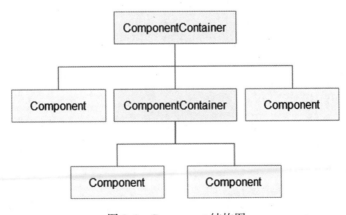

图 3-4　Component 结构图

3.2.3 Component 和 ComponentContainer 的关系

Component 和 ComponentContainer 以树状的层级结构进行组织，这样的一个布局就称为组件树。组件树的特点是仅有一个根组件，其他组件有且仅有一个父节点，组件之间的关系受到父节点的规则约束。

每种布局都根据自身特点来提供 LayoutConfig，供子 Component 设定布局属性和参数，通过指定布局属性可以对子 Component 在布局中的显示效果进行约束。例如，width、height 是最基本的布局属性，它们指定了组件的大小。

3.2.4 常用布局介绍

在 UI 框架中，我们会用到很多布局来使页面达到满意的效果。HarmonyOS 中给我们提供了很多常用的布局，如线性布局（DirectionalLayout）、相对布局（DependentLayout）、层叠布局（StackLayout）、表格布局（TableLayout）等。

❑ DirectionalLayout 是 Java UI 中的一种重要组件布局，用于将一组组件按照水平或者垂直方向排布，能够方便地对齐布局内的组件。

❑ DependentLayout 是 Java UI 系统里的一种常见布局。与 DirectionalLayout 相比，拥有更多的排布方式，每个组件可以指定相对于其他同级元素的位置，或者指定相对于父组件的位置。

❑ StackLayout 直接在屏幕上开辟出一块空白的区域，添加到这个布局中的视图都是以层叠方式显示的，而它会把这些视图默认放到这块区域的左上角，第一个添加到布局中的视图显示在最底层，最后一个被放在最顶层。上一层的视图会覆盖下一层的视图。

❑ TableLayout 使用表格的方式划分子组件。

布局之间相互结合可以实现更加丰富的布局方式。

下面我们开始使用 DevEco Studio 来编写代码，实现计算器的 UI 页面。

3.3 项目开发准备工作

3.3.1 新建工程和模块

首先打开 DevEco Studio，新建一个工程，工程类型可以任意选择。然后，在工程下新建一个 Module，该 Module 选择为 Java FA 类型，具体操作如图 3-5、图 3-6 和图 3-7 所示。

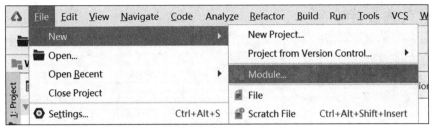

图 3-5　新建一个工程（1）

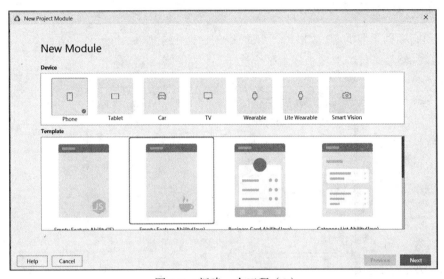

图 3-6　新建一个工程（2）

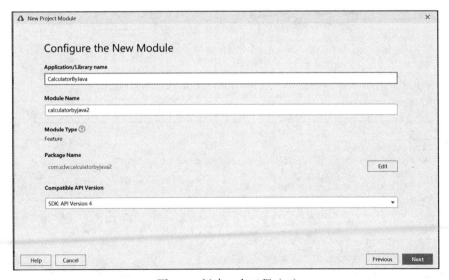

图 3-7　新建一个工程（3）

3.3.2　导入外部资源文件

下面从随书附带项目源码[⊖]中获取相关图片资源并导入工程中，直接将所有图片复制到 media 目录下即可。

 说明　本书随书附带项目源码统一采用一个工程包含多个模块的方式进行管理。

3.4　编写布局文件代码

首先我们根据之前的 UI 效果图，将页面按照多个线性布局嵌套的方式组织，首先根部为垂直布局，然后每行的按钮组成水平线性布局，如图 3-8 所示。

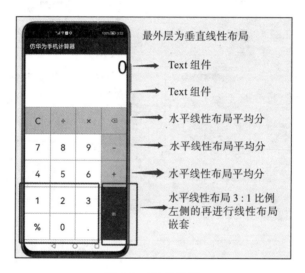

图 3-8　UI 效果图

代码清单 3-1 给出了相应的布局文件 ability_main.xml 的具体代码。

代码清单3-1　ability_main.xml

```
1    <?xml version="1.0" encoding="utf-8"?>
2    <DirectionalLayout
3        xmlns:ohos="http://schemas.huawei.com/res/ohos"
4        ohos:height="match_parent"
5        ohos:width="match_parent"
6        ohos:orientation="vertical">
7
8        <Text
9            ohos:id="$+id:text_result"
10           ohos:height="0vp"
```

⊖　随书附带项目源码可通过华章网站（www.hzbook.com）下载。

```
11            ohos:width="match_parent"
12            ohos:text="0"
13            ohos:text_alignment="right"
14            ohos:text_size="60vp"
15            ohos:weight="1"/>
16
17        <Text
18            ohos:id="$+id:text_temp_result"
19            ohos:height="0vp"
20            ohos:width="match_parent"
21            ohos:text=""
22            ohos:text_alignment="right"
23            ohos:text_color="#D3D3D3"
24            ohos:text_size="40vp"
25            ohos:weight="1"/>
26
27    <DirectionalLayout
28            ohos:height="0vp"
29            ohos:width="match_parent"
30            ohos:orientation="horizontal"
31            ohos:weight="1">
32
33        <Button
34            ohos:id="$+id:btn_clear"
35            ohos:height="match_parent"
36            ohos:width="0vp"
37            ohos:alignment="vertical_center"
38            ohos:background_element="$graphic:color_gray_element"
39            ohos:orientation="vertical"
40            ohos:text="C"
41            ohos:text_alignment="center"
42            ohos:text_color="blue"
43            ohos:text_size="30vp"
44            ohos:weight="1">
45
46        </Button>
47
48        <Button
49            ohos:id="$+id:btn_divide"
50            ohos:height="match_parent"
51            ohos:width="0vp"
52            ohos:alignment="vertical_center"
53            ohos:background_element="$graphic:color_gray_element"
54            ohos:orientation="vertical"
55            ohos:text="÷"
56            ohos:text_alignment="center"
57            ohos:text_color="blue"
58            ohos:text_size="30vp"
59            ohos:weight="1">
60
61        </Button>
62
63        <Button
64            ohos:id="$+id:btn_multiply"
65            ohos:height="match_parent"
```

```
66              ohos:width="0vp"
67              ohos:alignment="vertical_center"
68              ohos:background_element="$graphic:color_gray_element"
69              ohos:orientation="vertical"
70              ohos:text="×"
71              ohos:text_alignment="center"
72              ohos:text_color="blue"
73              ohos:text_size="30vp"
74              ohos:weight="1">
75
76          </Button>
77
78          <DirectionalLayout
79              ohos:id="$+id:dl_delete"
80              ohos:height="match_parent"
81              ohos:width="0vp"
82              ohos:alignment="vertical_center"
83              ohos:background_element="$graphic:color_gray_element"
84              ohos:orientation="vertical"
85              ohos:weight="1">
86
87              <Image
88                  ohos:height="30vp"
89                  ohos:width="30vp"
90                  ohos:image_src="$media:delete"
91                  ohos:layout_alignment="horizontal_center"/>
92          </DirectionalLayout>
93      </DirectionalLayout>
94
95      <DirectionalLayout
96          ohos:height="0vp"
97          ohos:width="match_parent"
98          ohos:orientation="horizontal"
99          ohos:weight="1">
100
101         <Button
102             ohos:id="$+id:btn7"
103             ohos:height="match_parent"
104             ohos:width="0vp"
105             ohos:alignment="vertical_center"
106             ohos:background_element="$graphic:color_white_border_element"
107             ohos:orientation="vertical"
108             ohos:text="7"
109             ohos:text_alignment="center"
110             ohos:text_size="30vp"
111             ohos:weight="1">
112
113         </Button>
114
115         <Button
116             ohos:id="$+id:btn8"
117             ohos:height="match_parent"
118             ohos:width="0vp"
119             ohos:alignment="vertical_center"
120             ohos:background_element="$graphic:color_white_border_element"
```

```
121              ohos:orientation="vertical"
122              ohos:text="8"
123              ohos:text_alignment="center"
124              ohos:text_size="30vp"
125              ohos:weight="1">
126
127          </Button>
128
129          <Button
130              ohos:id="$+id:btn9"
131              ohos:height="match_parent"
132              ohos:width="0vp"
133              ohos:alignment="vertical_center"
134              ohos:background_element="$graphic:color_white_border_element"
135              ohos:orientation="vertical"
136              ohos:text="9"
137              ohos:text_alignment="center"
138              ohos:text_size="30vp"
139              ohos:weight="1">
140
141          </Button>
142
143          <Button
144              ohos:id="$+id:btn_subtract"
145              ohos:height="match_parent"
146              ohos:width="0vp"
147              ohos:alignment="vertical_center"
148              ohos:background_element="$graphic:color_gray_element"
149              ohos:orientation="vertical"
150              ohos:text="-"
151              ohos:text_alignment="center"
152              ohos:text_color="blue"
153              ohos:text_size="30vp"
154              ohos:weight="1">
155
156          </Button>
157      </DirectionalLayout>
158
159      <DirectionalLayout
160          ohos:height="0vp"
161          ohos:width="match_parent"
162          ohos:orientation="horizontal"
163          ohos:weight="1">
164
165          <Button
166              ohos:id="$+id:btn4"
167              ohos:height="match_parent"
168              ohos:width="0vp"
169              ohos:alignment="vertical_center"
170              ohos:background_element="$graphic:color_white_border_element"
171              ohos:orientation="vertical"
172              ohos:text="4"
173              ohos:text_alignment="center"
174              ohos:text_size="30vp"
175              ohos:weight="1">
```

```
176
177            </Button>
178
179            <Button
180                ohos:id="$+id:btn5"
181                ohos:height="match_parent"
182                ohos:width="0vp"
183                ohos:alignment="vertical_center"
184                ohos:background_element="$graphic:color_white_border_element"
185                ohos:orientation="vertical"
186                ohos:text="5"
187                ohos:text_alignment="center"
188                ohos:text_size="30vp"
189                ohos:weight="1">
190
191            </Button>
192
193            <Button
194                ohos:id="$+id:btn6"
195                ohos:height="match_parent"
196                ohos:width="0vp"
197                ohos:alignment="vertical_center"
198                ohos:background_element="$graphic:color_white_border_element"
199                ohos:orientation="vertical"
200                ohos:text="6"
201                ohos:text_alignment="center"
202                ohos:text_size="30vp"
203                ohos:weight="1">
204
205            </Button>
206
207            <Button
208                ohos:id="$+id:btn_add"
209                ohos:height="match_parent"
210                ohos:width="0vp"
211                ohos:alignment="vertical_center"
212                ohos:background_element="$graphic:color_gray_element"
213                ohos:orientation="vertical"
214                ohos:text="+"
215                ohos:text_alignment="center"
216                ohos:text_color="blue"
217                ohos:text_size="30vp"
218                ohos:weight="1">
219
220            </Button>
221        </DirectionalLayout>
222
223        <DirectionalLayout
224            ohos:height="0vp"
225            ohos:width="match_parent"
226            ohos:orientation="horizontal"
227            ohos:weight="2">
228
229            <DirectionalLayout
230                ohos:height="match_parent"
```

```
231              ohos:width="0vp"
232              ohos:orientation="vertical"
233              ohos:weight="3">
234
235          <DirectionalLayout
236              ohos:height="0vp"
237              ohos:width="match_parent"
238              ohos:orientation="horizontal"
239              ohos:weight="1">
240
241              <Button
242                  ohos:id="$+id:btn1"
243                  ohos:height="match_parent"
244                  ohos:width="0vp"
245                  ohos:alignment="vertical_center"
246                  ohos:background_element="$graphic:color_white_border_element"
247                  ohos:orientation="vertical"
248                  ohos:text="1"
249                  ohos:text_alignment="center"
250                  ohos:text_size="30vp"
251                  ohos:weight="1">
252
253              </Button>
254
255              <Button
256                  ohos:id="$+id:btn2"
257                  ohos:height="match_parent"
258                  ohos:width="0vp"
259                  ohos:alignment="vertical_center"
260                  ohos:background_element="$graphic:color_white_border_element"
261                  ohos:orientation="vertical"
262                  ohos:text="2"
263                  ohos:text_alignment="center"
264                  ohos:text_size="30vp"
265                  ohos:weight="1">
266
267              </Button>
268
269              <Button
270                  ohos:id="$+id:btn3"
271                  ohos:height="match_parent"
272                  ohos:width="0vp"
273                  ohos:alignment="vertical_center"
274                  ohos:background_element="$graphic:color_white_border_element"
275                  ohos:orientation="vertical"
276                  ohos:text="3"
277                  ohos:text_alignment="center"
278                  ohos:text_size="30vp"
279                  ohos:weight="1">
280
281              </Button>
282          </DirectionalLayout>
283
284          <DirectionalLayout
285              ohos:height="0vp"
```

```
286                          ohos:width="match_parent"
287                          ohos:orientation="horizontal"
288                          ohos:weight="1">
289
290                          <Button
291                              ohos:id="$+id:btn_percent"
292                              ohos:height="match_parent"
293                              ohos:width="0vp"
294                              ohos:alignment="vertical_center"
295                              ohos:background_element="$graphic:color_white_border_element"
296                              ohos:orientation="vertical"
297                              ohos:text="%"
298                              ohos:text_alignment="center"
299                              ohos:text_size="30vp"
300                              ohos:weight="1">
301
302                          </Button>
303
304                          <Button
305                              ohos:id="$+id:btn0"
306                              ohos:height="match_parent"
307                              ohos:width="0vp"
308                              ohos:alignment="vertical_center"
309                              ohos:background_element="$graphic:color_white_border_element"
310                              ohos:orientation="vertical"
311                              ohos:text="0"
312                              ohos:text_alignment="center"
313                              ohos:text_size="30vp"
314                              ohos:weight="1">
315
316                          </Button>
317
318                          <Button
319                              ohos:id="$+id:btn_dot"
320                              ohos:height="match_parent"
321                              ohos:width="0vp"
322                              ohos:alignment="vertical_center"
323                              ohos:background_element="$graphic:color_white_border_element"
324                              ohos:orientation="vertical"
325                              ohos:text="."
326                              ohos:text_alignment="center"
327                              ohos:text_size="30vp"
328                              ohos:weight="1">
329
330                          </Button>
331                      </DirectionalLayout>
332                  </DirectionalLayout>
333
334                  <Button
335                      ohos:id="$+id:btn_equal"
336                      ohos:height="match_parent"
337                      ohos:width="0vp"
338                      ohos:background_element="$graphic:color_blue_element"
```

```
339                ohos:text="="
340                ohos:text_color="white"
341                ohos:text_size="30vp"
342                ohos:weight="1">
343
344            </Button>
345        </DirectionalLayout>
346 </DirectionalLayout>
```

重要代码解读如下。

代码第 3 行，将根布局 xml 命名空间指定为 ohos，后面系统属性统一使用该命名空间进行调用，调用语法为"ohos: 属性名称"，比如 ohos:height。第 4 ~ 6 行代码分别设置了根布局的 3 个重要属性，width 和 height 分别代表宽度和高度，它们可以直接使用 50vp 这类固定像素设置的方式进行指定，还可以使用 match_content 和 match_parent 两种方式进行指定。match_content 表示让当前的控件大小能够刚好包含里面的内容，也就是由控件内容决定当前控件的大小；match_parent 表示让当前控件的大小与父布局的大小一样，也就是由父布局来决定当前控件的大小。这里由于是根布局，因此将宽和高都设置成 match_parent，代表该布局会撑满手机屏幕。

orientation 属性是线性布局最重要的一个属性，它有两个属性值：vertical 和 horizontal，分别代表垂直方向布局和水平方向布局。

第 31 行中有一个 weight 属性，它代表权重，是线性布局非常重要的一个属性，通过权重配置可以让布局内的控件按比例进行排列。需要注意的是，水平方向按照权重进行排列时，需要将线性布局的高度设置为 0vp，垂直方向的话则需要将宽度设置为 0vp 才能生效。

在本项目中主要用到了 Button（按钮）、Text（文本）、Image（图片）三种 UI 控件，一个复杂的 UI 页面就是由各种布局和 UI 控件组合而成的。

第 18 行代码设置了 Text 的 id 属性，id 属性值的语法为"$+id: 自定义名称"，它代表控件在整个项目中的唯一标识符，是与 Java 代码部分关联的重要桥梁，后面 Java 代码需要调用该控件的话，首先需要通过该 id 获取到该控件对象。第 21 行代码设置了 text 属性，它代表设置文本显示的内容，这里设置为空，是因为它的具体内容后面需要使用 Java 代码根据业务逻辑进行动态设置。第 23 行代码设置了文本颜色属性 text_color，颜色属性值采用标准的 RGB 编码进行设置即可。text_size 设置文本的字体大小，这里单位有 px、vp 和 fp，为了更好地进行屏幕适配，不要使用 px 绝对像素单位，通常高度、宽度、字体大小都统一采用虚拟像素 vp 或者 fp 进行设置，其中 fp 还会根据用户的字体大小偏好来缩放，更加适合作为字体的大小单位。第 22 行代码 text_alignment 设置控件在线性布局中的排列对齐方式。

线性布局的常用对齐方式见表 3-1。

表 3-1 线性布局的常用对齐方式

参数	作用	可搭配排列方式
left	左对齐	垂直排列
top	顶部对齐	水平排列
right	右对齐	垂直排列
bottom	底部对齐	水平排列
horizontal_center	水平方向居中	垂直排列
vertical_center	垂直方向居中	水平排列
center	垂直与水平方向都居中	水平 / 垂直排列

第 38 行代码的 background_element 属性设置元素的背景，属性值的语法为"$graphic: 背景对应的 xml 文件名"，这里的意思是需要在 graphic 目录下单独为背景创建一个 xml 文件，该 xml 文件的名称就是上面语法中的"背景对应的 xml 文件名"（这里是 color_gray_element）。

在 graphic 目录下新建一个 color_gray_element.xml 文件，如代码清单 3-2 所示。

代码清单3-2 color_gray_element.xml文件

```
1  <?xml version="1.0" encoding="utf-8"?>
2  <shape xmlns:ohos="http://schemas.huawei.com/res/ohos"
3         ohos:shape="rectangle">
4      <solid
5          ohos:color="#D3D3D3"/>
6      <stroke
7          ohos:width="2"
8          ohos:color="gray"/>
9  </shape>
```

代码清单 3-2 的第 2 行代码 shape 代表几何形状，设置 shape 属性为 rectangle，代表形状为矩形。第 4 行代码的 solid 代表填充色。第 6 行代码的 stroke 代表边框，这里设置边框的粗细为 2、颜色为 gray。

继续回到 ability_main.xml 的代码，第 90 行代码通过 image_src 属性指定图片源，属性值的语法为"$media: 图片名称"，这里的意思是指向 media 目录，然后用文件名关联 media 目录下的图片资源。需要注意的是，引用的时候只要图片名称，不要加后缀名。

第 106 行和第 338 行代码分别又引用了背景文件 color_white_border_element 和 color_blue_element，同上操作创建相应的背景文件，代码清单 3-3 为 color_white_border_element 的代码。

代码清单3-3 color_white_border_element代码

```
1  <?xml version="1.0" encoding="utf-8"?>
2  <shape xmlns:ohos="http://schemas.huawei.com/res/ohos"
3         ohos:shape="rectangle">
```

```
4       <solid
5           ohos:color="#FFFFFF"/>
6       <stroke
7           ohos:width="2"
8           ohos:color="gray"/>
9   </shape>
```

代码清单 3-4 为 color_blue_element 的代码。

代码清单3-4　color_blue_element代码

```
1   <?xml version="1.0" encoding="utf-8"?>
2   <shape xmlns:ohos="http://schemas.huawei.com/res/ohos"
3           ohos:shape="rectangle">
4       <solid
5           ohos:color="blue"/>
6   </shape>
```

3.5　编写计算器逻辑

在 MainAbilitySlice 中实现代码逻辑，如代码清单 3-5 所示。

代码清单3-5　在MainAbilitySlice中实现代码逻辑

```
1   package com.xdw.calculatorbyjava.slice;
2
3   import com.xdw.calculatorbyjava.ResourceTable;
4   import ohos.aafwk.ability.AbilitySlice;
5   import ohos.aafwk.content.Intent;
6   import ohos.agp.components.Button;
7   import ohos.agp.components.Component;
8   import ohos.agp.components.DirectionalLayout;
9   import ohos.agp.components.Text;
10  import ohos.agp.window.dialog.ToastDialog;
11
12  import java.util.Arrays;
13
14  public class MainAbilitySlice extends AbilitySlice implements Component.ClickedListener {
15      //定义计算标志位常量: 0,第一次输入; 1,加; 2,减; 3,乘; 4,除; 5,百分号; 6,等号
16      private static final int FLAG_START = 0;
17      private static final int FLAG_ADD = 1;
18      private static final int FLAG_SUBTRACT = 2;
19      private static final int FLAG_MULTIPLY = 3;
20      private static final int FLAG_DIVIDE = 4;
21      private static final int FLAG_PERSENT = 5;
22      private static final int FLAG_EQUAL = 6;
23
24      //start--声明定义相关UI组件--start
25      private Text textResult;            //显示区第一排显示结果以及记录输入数据的字符串
26      private Text textTempResult;        //每次计算后的结果,显示区第二排显示
27      private Integer[] btnsId;           //声明数字按钮对应的id数组
28      private Button[] btnsNumber = new Button[10];       //声明数字按钮数组
```

```
29    private Button btnAdd, btnSubtract, btnMultiply, btnDivide, btnPercent;
      //声明加减乘除、百分号按钮
30    private Button btnEqual;               //声明等号按钮
31    private Button btnDot;                 //声明小数点按钮
32    private Button btnClear;               //声明清除按钮
33    private DirectionalLayout dlDelete;    //声明删除按钮，这里的删除按钮是取的layout
34    //end--声明定义相关UI组件--end
35
36    //start--定义用于计算器逻辑处理的相关中间变量--start
37    private String strResult = "";         //结果显示区第一排显示的字符串
38    private double result = 0;             //实时计算结果
39    private double lastResult = 0;         //调上一个操作符计算出的结果
40    private String strCurrentParam = "";   //一个操作符调用之后，下一个操作符调用
      之前，用来存储被用来进行运算的值，用来与lastResult进行运算得出实时结果result
41    private double doubleCurrentParam = 0; //对应上面的double类型值
42    private int flag = FLAG_START;         //初始化计算标志位
43    //end--定义用于计算器逻辑处理的相关中间变量--end
44
45    private String[] operationStrs = {"", "+", "-", "×", "÷", "%", "="};
      //与flag对应的字符串数组，方便直接通过flag获取字符串
46
47
48    @Override
49    public void onStart(Intent intent) {
50        super.onStart(intent);
51        super.setUIContent(ResourceTable.Layout_ability_main);
52        initViewAndEvent();
53    }
54
55    @Override
56    public void onActive() {
57        super.onActive();
58    }
59
60    @Override
61    public void onForeground(Intent intent) {
62        super.onForeground(intent);
63    }
64
65    //初始化组件并绑定监听器
66    private void initViewAndEvent() {
67        //初始化输出显示区文本
68        textResult = (Text) findComponentById(ResourceTable.Id_text_result);
69        textTempResult = (Text) findComponentById(ResourceTable.Id_text_temp_result);
70        //初始化数字按钮并绑定监听器
71        btnsId = new Integer[]{ResourceTable.Id_btn0, ResourceTable.
          Id_btn1, ResourceTable.Id_btn2, ResourceTable.Id_btn4,
72            ResourceTable.Id_btn5, ResourceTable.Id_btn6,
73            ResourceTable.Id_btn7, ResourceTable.Id_btn8,
             ResourceTable.Id_btn9};
74        for (int i = 0; i < btnsId.length; i++) {
75            btnsNumber[i] = (Button) findComponentById(btnsId[i]);
76            btnsNumber[i].setClickedListener(this);
77        }
```

```
78
79          //初始化算术按钮并绑定监听器
80          btnAdd = (Button) findComponentById(ResourceTable.Id_btn_add);
81          btnSubtract = (Button) findComponentById(ResourceTable.Id_btn_subtract);
82          btnMultiply = (Button) findComponentById(ResourceTable.Id_btn_multiply);
83          btnDivide = (Button) findComponentById(ResourceTable.Id_btn_divide);
84          btnPercent = (Button) findComponentById(ResourceTable.Id_btn_percent);
85          btnEqual = (Button) findComponentById(ResourceTable.Id_btn_equal);
86          btnAdd.setClickedListener(this);
87          btnSubtract.setClickedListener(this);
88          btnMultiply.setClickedListener(this);
89          btnDivide.setClickedListener(this);
90          btnPercent.setClickedListener(this);
91          btnEqual.setClickedListener(this);
92
93          //初始化小数点符号、清除按钮、删除按钮并绑定监听器
94          btnDot = (Button) findComponentById(ResourceTable.Id_btn_dot);
95          btnClear = (Button) findComponentById(ResourceTable.Id_btn_clear);
96          dlDelete = (DirectionalLayout) findComponentById(ResourceTable.Id_dl_delete);
97          btnDot.setClickedListener(this);
98          btnClear.setClickedListener(this);
99          dlDelete.setClickedListener(this);
100
101     }
102
103     @Override
104     public void onClick(Component component) {
105         int componentId = component.getId();
106         //new ToastDialog(this).setText("按钮id=" + componentId).show();
107         switch (componentId) {
108             case ResourceTable.Id_btn_add:
109                 setByClickoperator(FLAG_ADD);
110                 break;
111             case ResourceTable.Id_btn_subtract:
112                 setByClickoperator(FLAG_SUBTRACT);
113                 break;
114             case ResourceTable.Id_btn_multiply:
115                 setByClickoperator(FLAG_MULTIPLY);
116                 break;
117             case ResourceTable.Id_btn_divide:
118                 setByClickoperator(FLAG_DIVIDE);
119                 break;
120             case ResourceTable.Id_btn_equal:
121                 setByClickEqualOperator();
122                 break;
123             case ResourceTable.Id_btn_clear:
124                 setByClickClear();
125                 break;
126             case ResourceTable.Id_btn_percent:
127                 new ToastDialog(this).setText("百分号运算功能请自行扩展完成").show();
128                 break;
129             case ResourceTable.Id_btn_dot:
130                 new ToastDialog(this).setText("小数点运算功能请自行扩展完成").show();
131                 break;
132             default:
133                 if (Arrays.asList(btnsId).contains(componentId)) {
```

```
134                        switch (flag) {
135                            case FLAG_START:
136                                //开始输入内容, 对第一排显示区内容进行拼接
137                                strResult = strResult + ((Button) component).
                                   getText().toString();
138                                //存储实时内容作为lastResult计算结果
139                                lastResult = Double.valueOf(strResult);
140                                //更新实时运算结果
141                                result = Double.valueOf(strResult);
142                                //更新第一排输出显示区内容
143                                textResult.setText(strResult);
144                                break;
145                            case FLAG_ADD:
146                                operationRealtime(FLAG_ADD, ((Button)
                                   component).getText().toString());
147                                break;
148                            case FLAG_SUBTRACT:
149                                operationRealtime(FLAG_SUBTRACT, ((Button)
                                   component).getText().toString());
150                                break;
151                            case FLAG_MULTIPLY:
152                                operationRealtime(FLAG_MULTIPLY, ((Button)
                                   component).getText().toString());
153                                break;
154                            case FLAG_DIVIDE:
155                                operationRealtime(FLAG_DIVIDE, ((Button)
                                   component).getText().toString());
156                                break;
157                        }
158
159
160                    }
161                break;
162            }
163        }
164
165        //点击操作符时需要处理的逻辑
166        private void setByClickoperator(int flag) {
167            //将第一排显示区内容进行拼接, 将除等号之外的操作符拼接进去
168            strResult = strResult + operationStrs[flag];
169            //更新第一排输出显示区内容
170            textResult.setText(strResult);
171            //每点击一次操作符, 代表上一次计算结束了, 会生成新的lastResult, 即之前的实时运算结果result
172            lastResult = result;
173            //每点击一次操作符, 代表即将开始新一轮的实时计算, 需要将当前要被参与计算的参数重置
174            strCurrentParam = "";
175            doubleCurrentParam = 0;
176            //如果之前为非实时计算状态, 则更新为实时计算状态
177            this.flag = flag;
178        }
179
180        //实时运算
181        private void operationRealtime(int flag, String input) {
182            //开始输入内容, 对第一排显示区内容进行拼接
183            strResult = strResult + input;
```

```
184          //更新第一排输出显示区内容
185          textResult.setText(strResult);
186          //实时更新当前用来被计算的参数
187          strCurrentParam = strCurrentParam + input;
188          //转换为double类型用于计算
189          doubleCurrentParam = Double.valueOf(strCurrentParam);
190          switch (flag) {
191              case FLAG_ADD:
192                  //实时计算
193                  result = lastResult + doubleCurrentParam;
194                  break;
195              case FLAG_SUBTRACT:
196                  //实时计算
197                  result = lastResult - doubleCurrentParam;
198                  break;
199              case FLAG_MULTIPLY:
200                  //实时计算
201                  result = lastResult * doubleCurrentParam;
202                  break;
203              case FLAG_DIVIDE:
204                  //实时计算
205                  result = lastResult / doubleCurrentParam;
206                  break;
207          }
208          //更新第二排输出显示区内容
209          textTempResult.setText(String.valueOf(result));
210      }
211
212      //点击等号按钮触发的业务逻辑
213      private void setByClickEqualOperator() {
214          //点击等号操作符之后，将输出显示区第一行内容更新为result，将第二行内容清空，
                 然后重置为开始输出状态
215          textResult.setText(String.valueOf(result));
216          textTempResult.setText("");
217          resetTempValue();
218      }
219
220      //重置计算器用来进行逻辑处理的相关中间变量
221      private void resetTempValue() {
222          strResult = "";
223          result = 0;
224          lastResult = 0;
225          strCurrentParam = "";
226          doubleCurrentParam = 0;
227          flag = FLAG_START;
228      }
229
230      //点击清除按钮触发的业务逻辑
231      private void setByClickClear() {
232          //还原输出显示区
233          textResult.setText("0");
234          textTempResult.setText("");
235          resetTempValue();
236      }
237 }
238
```

第 24 ~ 34 行声明了相关 UI 组件对应的 Java 对象，对象的赋值操作在自定义的 initViewAndEvent 方法中，通过 findComponentById 方法进行赋值。这里需要给该方法传递一个 id 参数，该 id 就是之前在布局文件 xml 中定义的 id，传递语法为 "ResourceTable. Id_标志符"，然后返回值类型需要进行强制转换。

第 14 行代码通过实现 Component.ClickedListener 接口来添加按钮、文本等 UI 组件的点击事件的监听器，第 86 行的这类代码就是将监听器和具体某个按钮进行绑定，点击事件触发的具体业务逻辑在 public void onClick(Component component) 重写方法中实现。

编写完成相关业务代码之后，我们就可以进行编译运行了，运行结果见图 3-9。

图 3-9　运行结果

3.6　小结

在本章中，我们通过一个计算器项目案例，学习了一个复杂的 UI 页面是如何通过布局文件编写出来的，同时学习了如何编写相应的 Java 代码来控制相关 UI 组件以及实现相应的计算器逻辑。

实战项目二：本地通讯录（Java UI）

4.1 UI 效果图与知识点

图 4-1 展示了本地通讯录效果图。

图 4-1 效果图

鸿蒙手机通讯录具体功能及要求如图 4-2 所示。

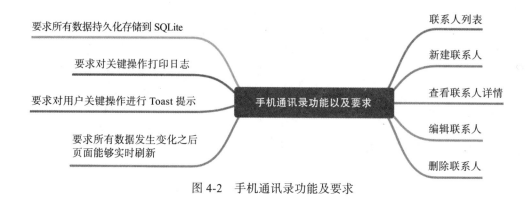

图 4-2　手机通讯录功能及要求

涉及知识点：

1）HarmonyOS 移动应用开发工具（DevEco Studio）的使用；

2）UI 组件的使用，包括 Text、Button、TextFiled、Image、RadioButton、RadioContainer、ToastDialog、ListContainer；

3）UI 布局的使用，包括 DirectionalLayout、DependentLayout；

4）日志打印，HiLog 的使用；

5）各种事件监听操作与业务逻辑实现（重难点）；

6）ListContainer 子布局结合 RecycleItemProvider 的使用（重难点）；

7）对话框以及自定义对话框的使用（重难点）；

8）页面生命周期以及页面之间跳转与传参；

9）自定义组件（同时涉及 Canvas）以及如何调用（重难点）；

10）数据存储操作，主要涉及 SQLite 数据库存储（重难点）；

11）通过 HTTP 网络通信与服务端交互（重难点）；

12）多线程通信（重难点）；

13）代码编程规范、设计模式（重难点）。

本项目案例中所有涉及的 Java 代码注释详细、编码规范，大家可以通过注释和步骤解释进行理解。

4.2　开发准备工作

1. 新建工程和模块

首先打开 DevEco Studio，新建一个工程，工程类型可以任意选择。然后，在工程下新建一个 Module，该 Module 选择为 Java FA 类型。具体操作如图 4-3、图 4-4 和图 4-5 所示。

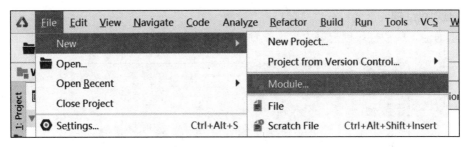

图 4-3　新建工程和模块（1）

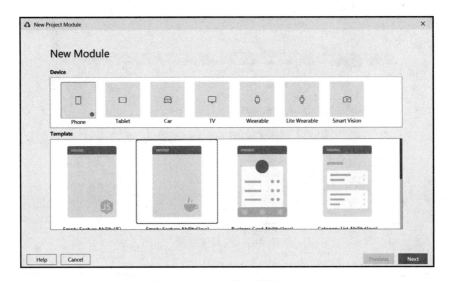

图 4-4　新建工程和模块（2）

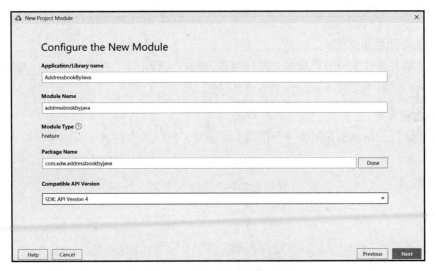

图 4-5　新建工程和模块（3）

2. 规划包结构

待上面的工程和模块创建好之后，规划好后面开发的包组织结构，可以参考图 4-6。

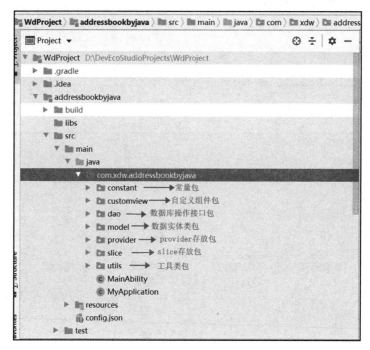

图 4-6　规划包结构

> **注意** 良好的包结构划分能清晰地体现编程思路，更方便他人阅读代码，后面还会有很多编程规范的提示。

3. 导入外部资源文件

下面从随书项目源码中获取相关图片资源并导入工程中，直接将所有图片复制到 media 目录下即可。

4. 创建常量类

先在常量包 constant 下创建一个接口 Constant，专门用来存放定义的常量标识符，见代码清单 4-1。

代码清单4-1　创建常量类

```
package com.xdw.addressbookbyjava.constant;

/**
 * Created by 夏德旺 on 2021/1/4 0:06
 */
```

```java
public interface Constant {
    int GENDER_MAN = 0;
    int GENDER_LADY = 1;
    String GENDER_MAN_STRING = "男";
    String GENDER_LADY_STRING = "女";
}
```

常量标识符的定义能更方便后期阅读和维护代码，采用魔鬼数字和字符串是不符合编程规范的。

5. 设置桌面快捷方式、图标、名称、主题（无系统自带标题栏）等

修改模块下的 config.json 文件，见代码清单 4-2。

代码清单4-2　修改模块下的config.json文件

```json
1   {
2     "app": {
3       "bundleName": "com.example.wdproject",
4       "vendor": "xdw",
5       "version": {
6         "code": 1,
7         "name": "1.0"
8       },
9       "apiVersion": {
10        "compatible": 4,
11        "target": 4,
12        "releaseType": "Beta1"
13      }
14    },
15    "deviceConfig": {},
16    "module": {
17      "package": "com.xdw.addressbookbyjava",
18      "name": ".MyApplication",
19      "deviceType": [
20        "phone"
21      ],
22      "distro": {
23        "deliveryWithInstall": true,
24        "moduleName": "addressbookbyjava",
25        "moduleType": "feature"
26      },
27      "abilities": [
28        {
29          "skills": [
30            {
31              "entities": [
32                "entity.system.home"
33              ],
34              "actions": [
35                "action.system.home"
36              ]
37            }
38          ],
39          "orientation": "unspecified",
```

```
40              "visible": true,
41              "name": "com.xdw.addressbookbyjava.MainAbility",
42              "icon": "$media:icon",
43              "description": "$string:mainability_description",
44              "label": "通讯录",
45              "type": "page",
46              "launchType": "standard",
47              "metaData": {
48                "customizeData": [
49                  {
50                    "name": "hwc-theme",
51                    "value": "androidhwext:style/Theme.Emui.Light.NoTitleBar"
52                  }
53                ]
54              }
55            }
56          ]
57        }
58    }
```

第 3 行代码中 bundleName 是一个非常重要的参数，在后面分布式项目开发中会重点讲解，在当前单机项目上，暂且将它认为是一个比较重要的标识符。第 5 ~ 8 行代码配置了 App 的版本信息，后期进行版本升级时会用到。第 9 ~ 14 行定义了使用的 SDK API 的版本信息。第 16 ~ 57 行给出了当前 Module 的相关重要配置，package 指定包名，deviceType 指定了该 App 支持运行的设备类型，这里可以配置支持多种设备类型，如代码清单 4-3 所示。

代码清单4-3　配置支持多种设备类型

```
"deviceType": [
    "phone",
    "tv",
    "tablet",
    "car",
    "wearable"
],
```

再回到代码清单 4-2。第 18 行的 name 需要指定 App 真正的入口类类名，需要是完整类名的编写方式，这里采用的是相对路径编写的完整类名。MyApplication 这个入口类必须从 AbilityPackage 继承。第 27 ~ 56 行配置了 abilities 的重要信息，第 29 ~ 38 行代表了该 Ability 为该 App 的入口页面，并且该 Ability 的 icon 和 label 会作为整个 App 的 icon 和 label 在手机桌面上显示。第 41 行指定该 Ability 的完整类名。第 39 行的 orientation 指定该 Ability 的屏幕方向，unspecified 表示由系统自动判断显示方向。第 45 行代表该 Ability 是 Page 类型。

知识点引入

Ability 是应用所具备能力的抽象，也是应用程序的重要组成部分。一个应用可以具备多种能力（即可以包含多个 Ability），HarmonyOS 支持应用以 Ability 为单位进行部署。

Ability 可以分为 FA（Feature Ability）和 PA（Particle Ability）两种类型，每种类型为开发者提供了不同的模板，以便实现不同的业务功能。

FA 支持 Page Ability：Page 模板是 FA 唯一支持的模板，用于提供与用户交互的能力。一个 Page 实例可以包含一组相关页面，每个页面用一个 AbilitySlice 实例表示。

PA 支持 Service Ability 和 Data Ability：Service 模板用于提供后台运行任务的能力；Data 模板用于对外部提供统一的数据访问抽象。

在配置文件（config.json）中注册 Ability 时，可以通过配置 Ability 元素中的 type 属性来指定 Ability 模板类型。其中，type 的取值可以为 page、service 或 data，分别代表 Page 模板、Service 模板和 Data 模板。为了便于表述，后文中我们将基于 Page 模板、Service 模板、Data 模板实现的 Ability 分别简称为 Page、Service、Data。

第 46 行 launchType 表示 Ability 的启动模式，支持 standard 和 singleton 两种模式：standard 表示该 Ability 可以有多个实例，standard 模式适用于大多数应用场景；singleton 表示该 Ability 只可以有一个实例。例如，具有全局唯一性的呼叫来电界面即采用 singleton 模式。

第 47 ~ 54 行的 metaData 表示 App 的自定义信息，包含 customizeData 数组标签，这里通过指定主题 theme 将该交互页面定为无系统自带标题栏的风格。

4.3　联系人列表页面静态数据呈现

1. 编写布局文件

这里联系人列表页面就是本项目的首页，直接采用项目自动创建的页面 MainAbilitySlice，它对应的布局文件为 ability_main.xml。

编辑该布局文件代码，见代码清单 4-4。

代码清单4-4　布局文件代码

```
1    <?xml version="1.0" encoding="utf-8"?>
2    <DirectionalLayout
3        xmlns:ohos="http://schemas.huawei.com/res/ohos"
4        ohos:height="match_parent"
5        ohos:width="match_parent"
6        ohos:orientation="vertical"
7        >
8
9        <DependentLayout
10            ohos:id="$+id:dl"
11            ohos:height="match_content"
12            ohos:width="match_parent"
13            ohos:background_element="$graphic:color_light_gray_element"
14            ohos:padding="10vp"
```

```
15              >
16
17          <Text
18              ohos:height="match_content"
19              ohos:width="match_content"
20              ohos:align_parent_start="true"
21              ohos:center_in_parent="true"
22              ohos:text="本地联系人"
23              ohos:text_size="24fp"/>
24
25          <Image
26              ohos:id="$+id:image_menu"
27              ohos:height="30vp"
28              ohos:width="30vp"
29              ohos:align_parent_end="true"
30              ohos:center_in_parent="true"
31              ohos:image_src="$media:menu"/>
32
33          <Image
34              ohos:id="$+id:image_add"
35              ohos:height="30vp"
36              ohos:width="30vp"
37              ohos:center_in_parent="true"
38              ohos:image_src="$media:add"
39              ohos:left_of="$id:image_menu"
40              ohos:right_margin="10vp"/>
41      </DependentLayout>
42
43      <ListContainer
44          ohos:id="$+id:list_contacts"
45          ohos:height="match_parent"
46          ohos:width="match_parent"
47          ohos:background_element="$graphic:background_ability_main"
48          ohos:text_size="20fp"
49          ohos:left_margin="10vp"
50          ohos:top_margin="10vp"
51          />
52
53  </DirectionalLayout>
54
```

这里是采用将线性布局（DirectionalLayout）与相对布局（DependentLayout）进行复合布局实现的 UI 效果（见图 4-7）。

①和②两个区域是垂直线性布局，①内部是相对布局

②中只有一个列表 UI 组件

图 4-7　复合布局实现的 UI 效果图

DependentLayout 的排列方式即相对于其他同级组件或者父组件的位置进行布局。相对于其他同级组件布局的示意图见图 4-8。

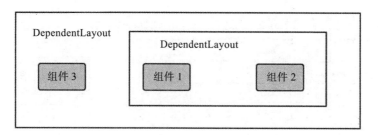

图 4-8　相对于其他同级组件布局示意图

相对于同级组件的位置布局属性如表 4-1 所示。

表 4-1　相对于同级组件的位置布局属性

位置布局	描述
above	处于同级组件的上侧
below	处于同级组件的下侧
start_of	处于同级组件的起始侧
end_of	处于同级组件的结束侧
left_of	处于同级组件的左侧
right_of	处于同级组件的右侧

相对于父组件布局的示意图见图 4-9。

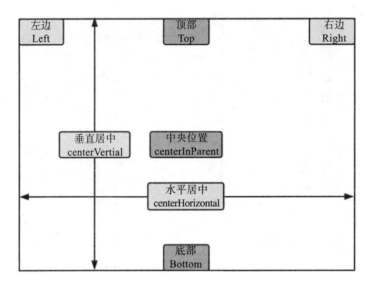

图 4-9　相对于父组件布局示意图

相对于父组件的位置布局属性如表 4-2 所示。

表 4-2　相对于父组件的位置布局属性

位置布局	描述
align_parent_left	处于父组件的左侧
align_parent_right	处于父组件的右侧
align_parent_start	处于父组件的起始侧
align_parent_end	处于父组件的结束侧
align_parent_top	处于父组件的上侧
align_parent_bottom	处于父组件的下侧
center_in_parent	处于父组件的中间

布局文件中的第 9 ~ 41 行代码将一个 Text 和两个 Image 组件通过相对布局方式组织了起来。第 13 行用的背景文件 color_light_gray_element.xml 见代码清单 4-5。

代码清单4-5　背景文件color_light_gray_element.xml的代码

```
<?xml version="1.0" encoding="UTF-8" ?>
<shape xmlns:ohos="http://schemas.huawei.com/res/ohos"
       ohos:shape="rectangle">
    <solid
       ohos:color="#D3D3D3"/>
</shape>
```

2. 新建子布局文件

新建 ListContainer 列表组件所对应的子布局文件 item_contacts.xml，代码清单 4-6 给出了相应的代码。

代码清单4-6　子布局文件item_contacts.xml的代码

```xml
<?xml version="1.0" encoding="utf-8"?>
<DirectionalLayout
    xmlns:ohos="http://schemas.huawei.com/res/ohos"
    ohos:height="match_content"
    ohos:width="match_parent"
    ohos:alignment="vertical_center"
    ohos:orientation="horizontal"
    ohos:padding="10vp">
    <Image
        ohos:id="$+id:item_gender_icon"
        ohos:height="50vp"
        ohos:width="50vp"/>
    <Text
        ohos:id="$+id:item_name"
        ohos:height="match_content"
        ohos:width="match_content"
        ohos:left_margin="20vp"
        ohos:text="Item0"
        ohos:text_size="20fp"/>
</DirectionalLayout>
```

该列表组件的子布局就是一个由一张图片和文本组织而成的水平线性布局。后面会通过编写 Java 代码，运用适配器模式，以及通过数据源自动填充生成带数据的完整列表。

3. 构建数据实体类 Contacts

面向对象设计，构建一个与联系人信息对应的数据实体类 Contacts，代码清单 4-7 给出了相应的代码。

代码清单4-7　与联系人信息对应的数据实体类Contacts

```java
package com.xdw.addressbookbyjava.model;

import java.io.Serializable;

public class Contacts implements Serializable {
    private int id;          //主键id
    private String name;     //联系人姓名
    private int gender;      //0代表男士，1代表女士
    private String phone;    //联系人电话
    private int groupId;     //分组id，0代表朋友，1代表家人，2代表同事

    public int getId() {
        return id;
    }

    public void setId(int id) {
```

```
        this.id = id;
    }

    public String getName() {
        return name;
    }

    public void setName(String name) {
        this.name = name;
    }

    public int getGender() {
        return gender;
    }

    public void setGender(int gender) {
        this.gender = gender;
    }

    public String getPhone() {
        return phone;
    }

    public void setPhone(String phone) {
        this.phone = phone;
    }

    public int getGroupId() {
        return groupId;
    }

    public void setGroupId(int groupId) {
        this.groupId = groupId;
    }

    public Contacts() {
    }

    public Contacts(String name, int gender) {
        this.name = name;
        this.gender = gender;
    }
}
```

4. 编写 ListContainer 对应的 provider

编写 ListContainer 对应的 provider，取名为 ContactsProvider，继承自 RecycleItem-Provider，代码清单 4-8 给出了相应的代码。

代码清单4-8　编写ListContainer对应的provider

```
1   package com.xdw.addressbookbyjava.provider;
2
3   import com.xdw.addressbookbyjava.ResourceTable;
```

```
4    import com.xdw.addressbookbyjava.model.Contacts;
5    import ohos.aafwk.ability.AbilitySlice;
6    import ohos.agp.components.*;
7
8    import java.util.List;
9
10   /**
11    * Created on 2020/12/31 20:58
12    */
13   public class ContactsProvider extends RecycleItemProvider {
14       private List<Contacts> list;    //数据源
15       private AbilitySlice slice;       //context对象
16
17       /**
18        * 构造函数
19        *
20        * @param list
21        * @param slice
22        */
23       public ContactsProvider(List<Contacts> list, AbilitySlice slice) {
24           this.list = list;
25           this.slice = slice;
26       }
27
28       /**
29        * 数据源的大小
30        *
31        * @return
32        */
33       @Override
34       public int getCount() {
35           return list.size();
36       }
37
38       /**
39        * 通过索引获取item
40        *
41        * @param position
42        * @return
43        */
44       @Override
45       public Object getItem(int position) {
46           return list.get(position);
47       }
48
49       /**
50        * 获取索引
51        *
52        * @param position
53        * @return
54        */
55       @Override
56       public long getItemId(int position) {
57           return position;
58       }
```

```
59
60          /**
61           * 加载填充每一个Item内部的控件的数据
62           *
63           * @param position
64           * @param component
65           * @param componentContainer
66           * @return
67           */
68          @Override
69          public Component getComponent(int position, Component component,
            ComponentContainer componentContainer) {
70              Component cpt = component;
71              if (cpt == null) {
72                  cpt = LayoutScatter.getInstance(slice).parse(ResourceTable.
                    Layout_item_contacts, null, false);
73              }
74              Contacts contacts = list.get(position);
75              Text textName = (Text) cpt.findComponentById(ResourceTable.Id_item_name);
76              Image imageGenderIcon = (Image) cpt.findComponentById(ResourceTable.
                Id_item_gender_icon);
77              textName.setText(contacts.getName());
78              if (contacts.getGender() == 0) {
79                  imageGenderIcon.setPixelMap(ResourceTable.Media_man);
80              } else {
81                  imageGenderIcon.setPixelMap(ResourceTable.Media_lady);
82              }
83              return cpt;
84          }
85  }
```

第 69 ~ 84 行代码是通过数据源渲染列表 UI 组件的关键实现部分。通过之前章节的学习，在 Java 代码中，如果想设置 xml 布局中的 UI 组件，那么需要先通过 findComponentById 获取到该 UI 组件对应的对象，而之前操作的代码是在系统 SDK 的 AbilitySlice 子类中，findComponentById 就是该类中定义的方法，是可以直接调用的。而现在操作的是系统 SDK 的 RecycleItemProvider 的子类，并不能直接调用 findComponentById 方法，但是在系统 SDK 的 Component 类中也定义了 findComponentById 方法，具备相同的功能。于是我们使用了系统 SDK 中的 LayoutScatter 类，通过加载布局文件获取 Component 对象，再通过 Component 对象获取其中的各种 UI 组件，然后调用相关 API 设置文本内容、大小、颜色、图片源等数据。

5. 编写 MainAbilitySlice 的代码，渲染 ItemContainer 组件

首先在 MainAbilitySlice 里面初始化各个组件，将 xml 布局中的组件和 Java 代码中的对象关联起来，然后构建一个生成 N 条联系人信息的方法，接着调用 ItemContainer 的关键 API 即 setItemProvider，将生成的静态数据填充到列表组件，并且渲染列表中的各个 item 子组件，从而显示一个完整的图文并茂的列表。

详细代码见代码清单 4-9。

代码清单4-9　MainAbilitySlice的代码

```java
package com.xdw.addressbookbyjava.slice;

import com.xdw.addressbookbyjava.ResourceTable;
import com.xdw.addressbookbyjava.model.Contacts;
import com.xdw.addressbookbyjava.provider.ContactsProvider;
import ohos.aafwk.ability.AbilitySlice;
import ohos.aafwk.content.Intent;
import ohos.agp.components.Component;
import ohos.agp.components.Image;
import ohos.agp.components.ListContainer;

import java.util.ArrayList;
import java.util.List;

public class MainAbilitySlice extends AbilitySlice implements Component.
ClickedListener {
    private Image addContactsBtn;                   //添加联系人按钮
    private Image menuBtn;                           //菜单按钮
    private List<Contacts> list;                     //列表数据源
    private ListContainer listContainer;             //list列表
    private ContactsProvider contactsProvider;       //list列表绑定的provider

    @Override
    public void onStart(Intent intent) {
        super.onStart(intent);
        super.setUIContent(ResourceTable.Layout_ability_main);
        initView();
        initListContainer();

    }

    @Override
    public void onActive() {
        super.onActive();
    }

    @Override
    public void onForeground(Intent intent) {
        super.onForeground(intent);
    }

    /**
     * 初始化视图组件以及绑定监听事件
     */
    private void initView() {
        addContactsBtn = (Image) findComponentById(ResourceTable.Id_image_add);
        menuBtn = (Image) findComponentById(ResourceTable.Id_image_menu);
        addContactsBtn.setClickedListener(this);
        menuBtn.setClickedListener(this);
    }

    /**
     * 初始化列表
     */
```

```
private void initListContainer() {
    listContainer = (ListContainer) findComponentById(ResourceTable.Id_list_contacts);
    list = getData();    //静态数据对接
    contactsProvider = new ContactsProvider(list, this);
    listContainer.setItemProvider(contactsProvider);

}

//生成静态的列表数据来进行模拟，在对接SQLite或者服务端之后不再使用
private List<Contacts> getData() {
    List<Contacts> list = new ArrayList<>();
    String[] names = {"克里斯迪亚洛罗纳尔多", "王霜", "梅西", "孙雯",
    "莱万多夫斯基", "玛塔", "樱木花道", "赤木晴子"};
    for (int i = 0; i <= 7; i++) {
        list.add(new Contacts(names[i], i % 2));
    }
    return list;
}

@Override
public void onClick(Component component) {

}
}
```

该步骤完成之后，我们可以打开模拟器，运行该 App 看一下运行效果，此时的运行效果如图 4-10 所示。

图 4-10 运行效果图

步骤小结：完成此步骤后，对基本布局和组件运用以及与 Java 代码关联有了一定的认识，并且知晓 ListContainer 组件加载数据渲染列表的操作流程。

思考：如果列表的每一个 item 显示效果更复杂，比如有多张图片和多个文本混合排列，该怎么做呢？

4.4　自定义圆形图片的实现

当 Java UI 框架提供的组件无法满足设计需求时，可以创建自定义组件，根据设计需求添加绘制任务，并定义组件的属性及事件响应，完成组件的自定义。上面我们已经完成了一个最基础的效果，但是发现和原型设计的效果不符，原型设计中图片是圆形显示的，而这里是方形，通过阅读官方资料我们知道官方的 Image 组件不支持设置成圆形，于是就需要我们自定义一个圆形组件。

自定义组件用到了两个官方的核心 API，分别是 Component 的 addDrawTask 方法及其内部静态接口 DrawTask。

自定义组件常用到的 Component 类相关接口如表 4-3 所示。

表 4-3　自定义组件常用到的 Component 类相关接口

接口名	作用
setEstimateSizeListener	设置测量组件的侦听器
onEstimateSize	测量组件的大小以确定宽度和高度
setEstimatedSize	将测量的宽度和高度设置给组件
EstimateSpec.getChildSizeWithMode	基于指定的大小和模式为子组件创建度量规范
EstimateSpec.getSize	从提供的度量规范中提取大小
EstimateSpec.getMode	获取该组件的显示模式
addDrawTask	添加绘制任务
onDraw	通过绘制任务更新组件时调用

具体操作如下：

1）在 customview 包下面新建一个从 Image 组件继承的类 RoundImage，然后编写相关代码。代码清单 4-10 给出了相应的代码。

代码清单4-10　新建一个从Image组件继承的类RoundImage

```
1    package com.xdw.addressbookbyjava.customview;
2
3    import ohos.agp.components.AttrSet;
4    import ohos.agp.components.Image;
5    import ohos.agp.render.PixelMapHolder;
6    import ohos.agp.utils.RectFloat;
```

```
7    import ohos.app.Context;
8    import ohos.hiviewdfx.HiLog;
9    import ohos.hiviewdfx.HiLogLabel;
10   import ohos.media.image.ImageSource;
11   import ohos.media.image.PixelMap;
12   import ohos.media.image.common.PixelFormat;
13   import ohos.media.image.common.Rect;
14   import ohos.media.image.common.Size;
15
16   import java.io.InputStream;
17
18   /**
19    * Created by 夏德旺 on 2021/1/1 11:00
20    */
21   public class RoundImage extends Image {
22       private static final HiLogLabel LABEL = new HiLogLabel(HiLog.DEBUG, 0,
         "RoundImage");
23       private PixelMapHolder pixelMapHolder;//像素图片持有者
24       private RectFloat rectDst;//目标区域
25       private RectFloat rectSrc;//源区域
26       public RoundImage(Context context) {
27           this(context,null);
28
29       }
30
31       public RoundImage(Context context, AttrSet attrSet) {
32           this(context,attrSet,null);
33       }
34
35       /**
36        * 加载包含该控件的xml布局，会执行该构造函数
37        * @param context
38        * @param attrSet
39        * @param styleName
40        */
41       public RoundImage(Context context, AttrSet attrSet, String styleName) {
42           super(context, attrSet, styleName);
43           HiLog.error(LABEL,"RoundImage");
44       }
45
48       public void onRoundRectDraw(int radius){
49           //添加绘制任务
50           this.addDrawTask((view, canvas) -> {
51               if (pixelMapHolder == null){
52                   return;
53               }
54               synchronized (pixelMapHolder) {
55                   //给目标区域赋值，宽度和高度取自xml配置文件中的属性
56                   rectDst = new RectFloat(0,0,getWidth(),getHeight());
57                   //绘制圆角图片
58                   canvas.drawPixelMapHolderRoundRectShape(pixelMapHolder,
                   rectSrc, rectDst, radius, radius);
59                   pixelMapHolder = null;
```

```
60                    }
61            });
62      }
63
64      //使用canvas绘制圆形
65      private void onCircleDraw(){
66          //添加绘制任务, 自定义组件的核心API调用, 该接口的参数为Component下的DrawTask接口
67          this.addDrawTask((view, canvas) -> {
68              if (pixelMapHolder == null){
69                  return;
70              }
71              synchronized (pixelMapHolder) {
72                  //给目标区域赋值, 宽度和高度取自xml配置文件中的属性
73                  rectDst = new RectFloat(0,0,getWidth(),getHeight());
74                  //使用canvas绘制输出圆角矩形的位图, 该方法第4个参数和第5个参数为radios参数
75                  //绘制图片, 必须把图片的宽度和高度先设置成一样, 然后把它们设置为图片
76                  //宽度或者高度的一半, 这样才能保证最后绘制的图片为圆形
76                  canvas.drawPixelMapHolderRoundRectShape(pixelMapHolder,
                         rectSrc, rectDst, getWidth()/2, getHeight()/2);
77                  pixelMapHolder = null;
78              }
79          });
80      }
81
83      /**
84      *获取原有Image中的位图资源后重新绘制该组件
85       * @param pixelMap
86       */
87      private void putPixelMap(PixelMap pixelMap){
88          if (pixelMap != null) {
89              rectSrc = new RectFloat(0, 0, pixelMap.getImageInfo().size.
                     width, pixelMap.getImageInfo().size.height);
90              pixelMapHolder = new PixelMapHolder(pixelMap);
91              invalidate();//重新检验该组件
92          }else{
93              pixelMapHolder = null;
94              setPixelMap(null);
95          }
96      }
97
99      /**
100      * 通过资源ID获取位图对象
101      **/
102      private PixelMap getPixelMap(int resId) {
103          InputStream drawableInputStream = null;
104          try {
105              drawableInputStream = getResourceManager().getResource(resId);
106              ImageSource.SourceOptions sourceOptions = new ImageSource.SourceOptions();
107              sourceOptions.formatHint = "image/png";
108              ImageSource imageSource = ImageSource.create(drawableInputStream, null);
109              ImageSource.DecodingOptions decodingOptions = new ImageSource.DecodingOptions();
110              decodingOptions.desiredSize = new Size(0, 0);
111              decodingOptions.desiredRegion = new Rect(0, 0, 0, 0);
112              decodingOptions.desiredPixelFormat = PixelFormat.ARGB_8888;
```

```
113                PixelMap pixelMap = imageSource.createPixelmap(decodingOptions);
114                return pixelMap;
115            } catch (Exception e) {
116                e.printStackTrace();
117            } finally {
118                try{
119                    if (drawableInputStream != null){
120                        drawableInputStream.close();
121                    }
122                }catch (Exception e) {
123                    e.printStackTrace();
124                }
125            }
126        return null;
127    }
128
129    /**
130     * 对外调用的API，设置圆形图片方法
131     * @param resId
132     */
133    public void setPixelMapAndCircle(int resId){
134        PixelMap pixelMap = getPixelMap(resId);
135        putPixelMap(pixelMap);
136        onCircleDraw();
137    }
138
139    /**
140     * 对外调用的API，设置圆角图片方法
141     * @param resId
142     * @param radius
143     */
144    public void setPixelMapAndRoundRect(int resId,int radius){
145        PixelMap pixelMap = getPixelMap(resId);
146        putPixelMap(pixelMap);
147        onRoundRectDraw(radius);
148    }
149 }
```

这样这个圆形图片组件就定义好了，下面可以使用它替换之前系统原生的 Image 组件。在第 22 行代码中引入了 HiLog 日志打印功能。

HarmonyOS 提供了 HiLog 日志系统，让应用可以按照指定类型、指定级别、指定格式字符串输出日志内容，帮助开发者了解应用的运行状态，更好地调试程序。

输出日志的接口由 HiLog 类提供。在输出日志前，需要先调用 HiLog 的辅助类 HiLogLabel 来定义日志标签。

❑ 定义日志标签

使用 HiLogLabel(int type, int domain, String tag) 定义日志标签，其中包括了日志类型、业务领域和日志标识。使用示例：

```
static final HiLogLabel LABEL = new HiLogLabel(HiLog.LOG_APP, 0x00201, "MY_TAG");
```

参数 type：用于指定输出日志的类型。HiLog 中当前只提供了一种日志类型，即应用日志类型 LOG_APP。

参数 domain：用于指定输出日志所对应的业务领域，取值范围为 0x0~0xFFFFF，开发者可以根据需要自定义。

参数 tag：用于指定日志标识，可以为任意字符串，建议标识调用所在的类或者业务行为。

开发者可以根据自定义参数 domain 和 tag 来进行日志的筛选和查找。

❑ 输出日志

HiLog 中定义了 DEBUG、INFO、WARN、ERROR、FATAL 五种日志级别，并提供了对应的方法用于输出不同级别的日志，如表 4-4 所示。

表 4-4　日志级别

接口名	功能描述
debug(HiLogLabel label, String format, Object... args)	输出 DEBUG 级别的日志。DEBUG 级别日志表示仅用于应用调试，默认不输出，输出前需要在设备的"开发人员选项"中打开"USB 调试"开关
info(HiLogLabel label, String format, Object... args)	输出 INFO 级别的日志。INFO 级别日志表示普通的信息
warn(HiLogLabel label, String format, Object... args)	输出 WARN 级别的日志。WARN 级别日志表示存在警告
error(HiLogLabel label, String format, Object... args)	输出 ERROR 级别的日志。ERROR 级别日志表示存在错误
fatal(HiLogLabel label, String format, Object... args)	输出 FATAL 级别的日志。FATAL 级别日志表示出现致命错误、不可恢复错误

参数 label：定义好的 HiLogLabel 标签。

参数 format：格式字符串，用于日志的格式化输出。格式字符串中可以设置多个参数，如格式字符串为"Failed to visit %s."，"%s"为参数类型为 string 的变参标识，具体取值在 args 中定义。每个参数须添加隐私标识，分为 {public} 或 {private}，默认为 {private}。{public} 表示日志打印结果可见；{private} 表示日志打印结果不可见，输出结果为 <private>。

参数 args：可以为 0 个或多个参数，是格式字符串中参数类型对应的参数列表。参数的数量、类型必须与格式字符串中的标识一一对应。

以下示例输出一条 WARN 级别的信息。

```
HiLog.warn(LABEL, "Failed to visit %{private}s, reason:%{public}d.", url, errno);
```

该行代码表示输出一个日志标签为 label 的警告信息，格式字符串为："Failed to visit %{private}s, reason:%{public}d."。其中变参 url 的格式为私有的字符串，errno 为公共的整型数。

❏ 查看日志信息

DevEco Studio 提供了 HiLog 窗口来查看日志信息，开发者可通过设置设备、进程、日志级别和搜索关键词来筛选日志信息。搜索功能支持使用正则表达式，开发者可通过搜索自定义的业务领域值和 TAG 来筛选日志信息。

如图 4-11 所示，根据实际情况选择了设备和进程后，搜索业务领域值 00201 进行筛选，得到对应的日志信息。

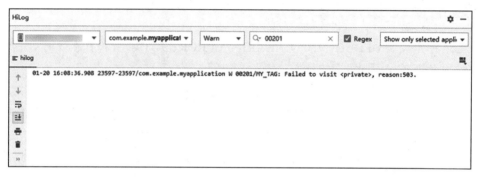

图 4-11　查看日志信息

其中，W 表示日志级别为 WARN，00201/MY_TAG 为开发者在 HiLogLabel 中定义的内容。日志内容中的 url 为私有参数，不显示具体内容，仅显示 \<private>。errno 为公有参数，显示实际取值 503。

2）在原来的布局文件 item_contacts.xml 中进行应用，替换原生的 Image 组件。代码清单 4-11 给出了相应的代码。

代码清单4-11　在原来的布局文件item_contacts.xml中进行应用

```
1   <?xml version="1.0" encoding="utf-8"?>
2   <DirectionalLayout
3       xmlns:ohos="http://schemas.huawei.com/res/ohos"
4       ohos:height="match_content"
5       ohos:width="match_parent"
6       ohos:alignment="vertical_center"
7       ohos:orientation="horizontal"
8       ohos:padding="10vp">
9
10      <com.xdw.addressbookbyjava.customview.RoundImage
11          ohos:id="$+id:item_gender_icon"
12          ohos:height="50vp"
13          ohos:width="50vp"/>
14
15      <Text
16          ohos:id="$+id:item_name"
17          ohos:height="match_content"
18          ohos:width="match_content"
19          ohos:left_margin="20vp"
```

```
20              ohos:text="Item0"
21              ohos:text_size="20fp"/>
22    </DirectionalLayout>
```

与之前代码的区别就是，这里自定义组件的调用使用的是完整类名，即带包名的类名，同时这里图片的宽度和高度必须设置成一致才能呈现圆形效果。

3）在 ContactsProvider 的代码中替换原生的 Image。代码清单 4-12 给出了相应的代码。

代码清单4-12　ContactsProvider的代码

```
1     package com.xdw.addressbookbyjava.provider;
2
3     import com.xdw.addressbookbyjava.ResourceTable;
4     import com.xdw.addressbookbyjava.customview.RoundImage;
5     import com.xdw.addressbookbyjava.model.Contacts;
6     import ohos.aafwk.ability.AbilitySlice;
7     import ohos.agp.components.*;
8
9     import java.util.List;
10
11    /**
12     * Created on 2020/12/31 20:58
13     */
14    public class ContactsProvider extends RecycleItemProvider {
15        private List<Contacts> list;     //数据源
16        private AbilitySlice slice;       //context对象
17
18        /**
19         * 构造函数
20         *
21         * @param list
22         * @param slice
23         */
24        public ContactsProvider(List<Contacts> list, AbilitySlice slice) {
25            this.list = list;
26            this.slice = slice;
27        }
28
29        /**
30         * 数据源的大小
31         *
32         * @return
33         */
34        @Override
35        public int getCount() {
36            return list.size();
37        }
38
39        /**
40         * 通过索引获取item
41         *
42         * @param position
```

```
43          * @return
44          */
45         @Override
46         public Object getItem(int position) {
47             return list.get(position);
48         }
49
50         /**
51          * 获取索引
52          *
53          * @param position
54          * @return
55          */
56         @Override
57         public long getItemId(int position) {
58             return position;
59         }
60
61         /**
62          * 加载填充每一个Item内部的控件的数据
63          *
64          * @param position
65          * @param component
66          * @param componentContainer
67          * @return
68          */
69         @Override
70         public Component getComponent(int position, Component component,
           ComponentContainer componentContainer) {
71             Component cpt = component;
72             if (cpt == null) {
73                 cpt = LayoutScatter.getInstance(slice).parse(ResourceTable.
                   Layout_item_contacts, null, false);
74             }
75             Contacts contacts = list.get(position);
76             Text textName = (Text) cpt.findComponentById(ResourceTable.Id_item_name);
77             RoundImage imageGenderIcon = (RoundImage) cpt.
                 findComponentById(ResourceTable.Id_item_gender_icon);
78             textName.setText(contacts.getName());
79             if (contacts.getGender() == 0) {
80                 imageGenderIcon.setPixelMapAndCircle(ResourceTable.Media_man);
81             } else {
82                 imageGenderIcon.setPixelMapAndCircle(ResourceTable.Media_lady);
83             }
84             return cpt;
85         }
86     }
```

> 注意 这里在调用的时候，需要调用一个自己编写的设置圆形图片的 API，即代码第 80 和 82 行的 setPixelMapAndCircle 方法，同时配置布局文件中的宽度和高度一致，即可 完成圆形图片的设置。

在该步骤操作完毕之后，我们可以检验一下运行效果，如图 4-12 所示。

图 4-12　运行效果图

后面可以将该自定义组件作为独立模块进行打包编译，编译好之后可以发布到 Maven 或者 Gradle 中心仓库，以后全世界任何人、任何工程都可以通过依赖导入的方式进行导入。

4.5　添加联系人以及实时刷新联系人列表

1. 添加联系人 UI 页面的选择

关于添加联系人的操作，我们可以通过再新建一个 AbilitySlice 的方式，也可以通过弹出一个对话框来输入相关信息并提交。这里我们选取弹出对话框的方式，但是系统原生的对话框无法满足该需求，因此需要继承原生对话框，进行自定义扩展。

2. 自定义一个添加联系人信息的对话框

由于该对话框只在联系人列表这个页面里面出现，故没有对其做独立封装，而是在 MainAbilitySlice 内部编写了一个方法，该方法生成并显示该对话框，命名为 showAddContactsDialog。同时编写一个对话框中要加载的布局 dialog_add_contacts.xml，如代码清单 4-13 所示。

代码清单4-13 dialog_add_contacts.xml

```
1   <?xml version="1.0" encoding="utf-8"?>
2   <DirectionalLayout
3       xmlns:ohos="http://schemas.huawei.com/res/ohos"
4       ohos:height="match_content"
5       ohos:width="match_parent"
6       ohos:background_element="$graphic:color_light_gray_element"
7       ohos:orientation="vertical"
8       ohos:padding="20vp">
9
10      <Text
11          ohos:height="match_content"
12          ohos:width="match_parent"
13          ohos:text="新建联系人"
14          ohos:text_size="24fp"
15          ohos:text_style="bold"/>
16
17      <DirectionalLayout
18          ohos:height="match_content"
19          ohos:width="match_parent"
20          ohos:alignment="vertical_center"
21          ohos:orientation="horizontal"
22          ohos:top_margin="20vp">
23
24          <Text
25              ohos:height="match_content"
26              ohos:width="match_content"
27              ohos:right_margin="10vp"
28              ohos:text="姓名: "
29              ohos:text_size="20fp"/>
30
31          <TextField
32              ohos:id="$+id:tf_name"
33              ohos:height="32vp"
34              ohos:width="match_parent"
35              ohos:background_element="$graphic:background_text_field"
36              ohos:text_alignment="vertical_center"
37              ohos:text_size="20fp"
38              ohos:hint="请输入联系人姓名"/>
39      </DirectionalLayout>
40
41      <DirectionalLayout
42          ohos:height="match_content"
43          ohos:width="match_parent"
44          ohos:alignment="vertical_center"
45          ohos:orientation="horizontal"
46          ohos:top_margin="20vp">
47
48          <Text
49              ohos:height="match_content"
50              ohos:width="match_content"
51              ohos:right_margin="10vp"
52              ohos:text="性别: "
53              ohos:text_size="20fp"/>
54
```

```
55          <RadioContainer
56              ohos:id="$+id:rc_gender"
57              ohos:height="match_content"
58              ohos:width="match_parent"
59              ohos:orientation="horizontal">
60
61              <RadioButton
62                  ohos:id="$+id:rb_man"
63                  ohos:height="match_content"
64                  ohos:width="match_content"
65                  ohos:text="男"
66                  ohos:text_color_off="#808080"
67                  ohos:text_color_on="#00BFFF"
68                  ohos:text_size="20fp"/>
69
70              <RadioButton
71                  ohos:id="$+id:rb_lady"
72                  ohos:height="match_content"
73                  ohos:width="match_content"
74                  ohos:text="女"
75                  ohos:text_color_off="#8B8B7A"
76                  ohos:text_color_on="#00BFFF"
77                  ohos:text_size="20fp"/>
78          </RadioContainer>
79      </DirectionalLayout>
80
81      <DirectionalLayout
82          ohos:height="match_content"
83          ohos:width="match_parent"
84          ohos:alignment="vertical_center"
85          ohos:orientation="horizontal"
86          ohos:top_margin="20vp">
87
88          <Text
89              ohos:height="match_content"
90              ohos:width="match_content"
91              ohos:right_margin="10vp"
92              ohos:text="联系电话："
93              ohos:text_size="20fp"/>
94
95          <TextField
96              ohos:id="$+id:tf_phone"
97              ohos:height="32vp"
98              ohos:width="match_parent"
99              ohos:background_element="$graphic:background_text_field"
100             ohos:text_alignment="vertical_center"
101             ohos:text_size="20fp"
102             ohos:text_input_type="pattern_number"
103             ohos:hint="请输入联系人电话号码"/>
104     </DirectionalLayout>
105
106
107     <DirectionalLayout
108         ohos:height="match_content"
109         ohos:width="match_parent"
```

```
110             ohos:orientation="horizontal">
111
112         <Button
113             ohos:height="match_content"
114             ohos:width="match_parent"
115             ohos:id="$+id:btn_cancel"
116             ohos:background_element="$graphic:capsule_button_gray"
117             ohos:margin="10vp"
118             ohos:padding="10vp"
119             ohos:text="取消"
120             ohos:text_size="24fp"
121             ohos:text_color="white"
122             ohos:weight="1"/>
123
124         <Button
125             ohos:id="$+id:btn_confirm"
126             ohos:height="match_content"
127             ohos:width="match_parent"
128             ohos:background_element="$graphic:capsule_button_green"
129             ohos:margin="10vp"
130             ohos:padding="10vp"
131             ohos:text="确定"
132             ohos:text_size="24fp"
133             ohos:text_color="white"
134             ohos:weight="1"/>
135     </DirectionalLayout>
136 </DirectionalLayout>
```

然后编写“添加联系人”图标按钮的点击响应事件，弹出该对话框，并且编写 generateContactsFromInput 方法获取对话框中的数据，生成联系人。在点击对话框的“确定”按钮之后，弹框消失，更新联系人列表，加载最新添加的联系人。

ListContainer 列表更新的核心 API 代码如下：

```
contactsProvider.notifyDataChanged();       //更新listcontainer
```

最后，此步骤完整的 MainAbilitySlice 代码如下。

代码清单4-14　MainAbilitySlice的代码

```
1     package com.xdw.addressbookbyjava.slice;
2
3     import com.xdw.addressbookbyjava.ResourceTable;
4     import com.xdw.addressbookbyjava.constant.Constant;
5     import com.xdw.addressbookbyjava.model.Contacts;
6     import com.xdw.addressbookbyjava.provider.ContactsProvider;
7     import ohos.aafwk.ability.AbilitySlice;
8     import ohos.aafwk.content.Intent;
9     import ohos.agp.components.*;
10    import ohos.agp.window.dialog.CommonDialog;
11    import ohos.agp.window.dialog.ToastDialog;
12    import ohos.hiviewdfx.HiLog;
13    import ohos.hiviewdfx.HiLogLabel;
14
15    import java.util.ArrayList;
```

```java
16   import java.util.List;
17
18   public class MainAbilitySlice extends AbilitySlice implements Component.ClickedListener {
19       public static final String TAG = "MainAbilitySlice";
20       private static final HiLogLabel LABEL = new HiLogLabel(HiLog.DEBUG, 0, "TAG");
21       private Image addContactsBtn;                    //添加联系人按钮
22       private Image menuBtn;                           //菜单按钮
23       private List<Contacts> list;                     //列表数据源
24       private ListContainer listContainer;             //list列表
25       private ContactsProvider contactsProvider;       //list列表绑定的provider
26       private TextField nameTf;                         //联系人姓名输入框
27       private RadioContainer genderRc;                  //联系人性别单选框组合容器
28       private TextField phoneTf;                        //联系人电话号码输入框
29       private RadioButton manRb;                        //单选按钮，男
30       private RadioButton ladyRb;                       //单选按钮，女
31
32       @Override
33       public void onStart(Intent intent) {
34           super.onStart(intent);
35           super.setUIContent(ResourceTable.Layout_ability_main);
36           initView();
37           initListContainer();
38
39       }
40
41       @Override
42       public void onActive() {
43           super.onActive();
44       }
45
46       @Override
47       public void onForeground(Intent intent) {
48           super.onForeground(intent);
49       }
50
51       /**
52        * 初始化视图组件以及绑定监听事件
53        */
54       private void initView() {
55           addContactsBtn = (Image) findComponentById(ResourceTable.Id_image_add);
56           menuBtn = (Image) findComponentById(ResourceTable.Id_image_menu);
57           addContactsBtn.setClickedListener(this);
58           menuBtn.setClickedListener(this);
59       }
60
61       /**
62        * 初始化列表
63        */
64       private void initListContainer() {
65           listContainer = (ListContainer) findComponentById(ResourceTable.Id_list_contacts);
66           list = getData();      //静态数据对接
67           contactsProvider = new ContactsProvider(list, this);
68           listContainer.setItemProvider(contactsProvider);
69       }
70
```

```
71        //生成静态的列表数据进行模拟，在对接SQLite或者服务端之后不再使用
72        private List<Contacts> getData() {
73            List<Contacts> list = new ArrayList<>();
74            String[] names = {"克里斯迪亚洛罗纳尔多", "王霜", "梅西", "孙雯",
                                 "莱万多夫斯基", "玛塔", "樱木花道", "赤木晴子"};
75            for (int i = 0; i <= 7; i++) {
76                list.add(new Contacts(names[i], i % 2));
77            }
78            return list;
79        }
80
81        //创建并显示自定义的添加联系人操作的对话框
82        private void showAddContactsDialog() {
83            CommonDialog commonDialog = new CommonDialog(this);
84
85            Component dialogComponent = LayoutScatter.getInstance(getContext())
86                    .parse(ResourceTable.Layout_dialog_add_contacts, null, true);
87
88  //          commonDialog.setSize(800, 600);        //设置对话框尺寸
89            Button btnConfirm = (Button) dialogComponent.findComponentById
                (ResourceTable.Id_btn_confirm);
90            Button btnCancel = (Button) dialogComponent.findComponentById
                (ResourceTable.Id_btn_cancel);
91            nameTf = (TextField) dialogComponent.findComponentById
                (ResourceTable.Id_tf_name);
92            phoneTf = (TextField) dialogComponent.findComponentById
                (ResourceTable.Id_tf_phone);
93            genderRc = (RadioContainer) dialogComponent.findComponentById
                (ResourceTable.Id_rc_gender);
94            manRb = (RadioButton) dialogComponent.findComponentById
                (ResourceTable.Id_rb_man);
95            ladyRb = (RadioButton) dialogComponent.findComponentById
                (ResourceTable.Id_rb_lady);
96            manRb.setChecked(true);
97            genderRc.setMarkChangedListener(new RadioContainer.CheckedState
                ChangedListener() {
98                @Override
99                public void onCheckedChanged(RadioContainer radioContainer, int i) {
100
101                }
102           });
103           //采用传统的匿名内部类实现按钮监听器
104           btnConfirm.setClickedListener(new Component.ClickedListener() {
105                @Override
106                public void onClick(Component component) {
107                    new ToastDialog(MainAbilitySlice.this).setText
                        ("确定").setDuration(2000).show();
108                    //list.add(new Contacts("内马尔", 0));
109                    Contacts contacts = generateContactsFromInput();
110                    list.add(contacts);                    //更新list中存储的数据
111                    contactsProvider.notifyDataChanged();  //更新listcontainer
112                    commonDialog.remove();
113                }
114           });
115
```

```
116        //采用lambda表达式实现按钮监听器
117        btnCancel.setClickedListener((Component component) -> {
118            new ToastDialog(MainAbilitySlice.this).setText
                   ("取消").setDuration(2000).show();
119            commonDialog.remove();
120        });
121
122
123        commonDialog.setContentCustomComponent(dialogComponent);
124
125        commonDialog.show();
126    }
127
128    @Override
129    public void onClick(Component component) {
130        switch (component.getId()) {
131            case ResourceTable.Id_image_add:    //"添加按钮"，点击事件触发
132                showAddContactsDialog();
133                break;
134            case ResourceTable.Id_image_menu:   //"菜单按钮"，点击事件触发
135                new ToastDialog(MainAbilitySlice.this).setText
                       ("菜单功能待完成").setDuration(2000).show();
136                break;
137        }
138    }
139
140    //通过对话框的输入页面输入的数据产生联系人
141    private Contacts generateContactsFromInput() {
142        Contacts contacts = new Contacts();
143        HiLog.info(LABEL, "checked id =" + genderRc.getMarkedButtonId());
144        if (genderRc.getMarkedButtonId() == Constant.GENDER_MAN) {
145            contacts.setGender(Constant.GENDER_MAN);
146        } else {
147            contacts.setGender(Constant.GENDER_LADY);
148        }
149        contacts.setName(nameTf.getText().trim());
150        contacts.setPhone(phoneTf.getText().trim());
151        return contacts;
152    }
153
154    private void showToast(String msg) {
155        new ToastDialog(MainAbilitySlice.this).setText(msg).setDuration(2000).show();
156    }
157
158 }
```

第 107 行代码使用了 ToastDialog 类，它是在窗口上方弹出的对话框，是通知操作的简单反馈。ToastDialog 会在一段时间后消失，在此期间，用户还可以操作当前窗口的其他组件。

首先需要通过 new 创建该对象，ToastDialog 构造函数需要传递一个 context 对象进来，可以在 AbilitySlice 中使用 getContext 方法获取到 context 对象，也可以直接通过 MainAbilitySlice.this 获取，因为 AbilitySlice 是 Context 接口的实现类。图 4-13 是 SDK 中的相关继承关系，从图中可以清晰看出 AbilitySlice 是 Context 接口的实现类。

```
package ohos.aafwk.ability;

import ...

public class AbilitySlice extends AbilityContext implements ILifecycle {
  package ohos.app;

import ...

public abstract class AbilityContext implements Context {
```

图 4-13 AbilitySlice 与 Context 接口的继承关系图

新建 Toast 对象之后，调用它的 setText 方法设置文本内容，然后调用 show 方法显示该弹框，setDuration 可以设置该弹框的显示时长。

第 82 行定义了一个 showAddContactsDialog 方法，用来加载显示自定义的对话框，自定义对话框的 UI 主要通过自己编写 xml 来实现。第 85 行代码通过 LayoutScatter 方法将布局文件转换为 Component 对象。第 83 行代码创建了一个 SDK 自带的 CommonDialog 对象。第 123 行代码将自定义布局生成的 Component 对象转为了 CommonDialog 对象，然后通过第 125 行代码显示对话框。

操作完成这步之后，我们再来检验一下运行效果，如图 4-14 所示。

录入一条数据，观察联系人列表是否被更新。

4.6 查看联系人详情

图 4-14 运行效果图

1. 添加 ListContainer 组件的 Item 点击事件

此时，由于还没有添加第二个页面，故无法做页面跳转操作，可以先使用 HiLog 或者 ToastDialog 配合 Item 点击事件进行调试。

修改前文编写好的 initListContainer 方法的代码，如代码清单 4-15 所示。

代码清单4-15 修改前文编写好的initListContainer方法的代码

```
1    /**
2     * 初始化列表
3     */
```

```
4    private void initListContainer() {
5        listContainer = (ListContainer) findComponentById(ResourceTable.Id_list_contacts);
6        list = getData();    //静态数据对接
7
8        contactsProvider = new ContactsProvider(list, this);
9        listContainer.setItemProvider(contactsProvider);
10       //设置列表item的点击事件
11       listContainer.setItemClickedListener(new ListContainer.ItemClickedListener() {
12           @Override
13           public void onItemClicked(ListContainer listContainer, Component
             component, int i, long l) {
14               showToast("第" + i + "行被点击");
15           }
16       });
17
18   }
```

此时，可以通过运行进行测试，看看是不是点击列表的每一行，都会弹出消息提示，并且能获取到该行的位置索引，效果图见图 4-15。

图 4-15　运行效果图

2. 新建一个联系人详情页的页面

首先，在 layout 下新建一个布局文件 ability_slice_contacts_detail.xml，见代码清单 4-16。

代码清单4-16　布局文件ability_slice_contacts_detail.xml

```
1    <?xml version="1.0" encoding="utf-8"?>
2    <DirectionalLayout
3        xmlns:ohos="http://schemas.huawei.com/res/ohos"
4        ohos:height="match_parent"
5        ohos:width="match_parent"
```

```
 6              ohos:left_margin="10vp"
 7              ohos:orientation="vertical"
 8              >
 9
10          <DirectionalLayout
11              ohos:height="match_content"
12              ohos:width="match_parent"
13              ohos:alignment="vertical_center"
14              ohos:background_element="$graphic:color_light_gray_element"
15              ohos:orientation="horizontal">
16
17              <Image
18                  ohos:id="$+id:image_left"
19                  ohos:height="64vp"
20                  ohos:width="64vp"
21                  ohos:image_src="$media:left"/>
22
23              <Text
24                  ohos:height="match_content"
25                  ohos:width="match_content"
26                  ohos:text="联系人详情"
27                  ohos:text_size="24fp"/>
28          </DirectionalLayout>
29
30          <DirectionalLayout
31              ohos:height="match_content"
32              ohos:width="match_parent"
33              ohos:alignment="vertical_center"
34              ohos:orientation="horizontal">
35
36              <Image
37                  ohos:height="64vp"
38                  ohos:width="64vp"
39                  ohos:image_src="$media:people"/>
40
41              <Text
42                  ohos:height="match_content"
43                  ohos:width="match_content"
44                  ohos:text="姓名："
45                  ohos:text_size="24vp"/>
46
47              <Text
48                  ohos:id="$+id:text_name"
49                  ohos:height="match_content"
50                  ohos:width="match_content"
51                  ohos:text_size="24vp"/>
52          </DirectionalLayout>
53
54          <DirectionalLayout
55              ohos:height="match_content"
56              ohos:width="match_parent"
57              ohos:alignment="vertical_center"
58              ohos:orientation="horizontal">
59
60              <Image
61                  ohos:height="64vp"
62                  ohos:width="64vp"
```

```
63                ohos:image_src="$media:gender"/>
64
65           <Text
66                ohos:height="match_content"
67                ohos:width="match_content"
68                ohos:text="性别: "
69                ohos:text_size="24vp"/>
70
71           <Text
72                ohos:id="$+id:text_gender"
73                ohos:height="match_content"
74                ohos:width="match_content"
75                ohos:text_size="24vp"/>
76       </DirectionalLayout>
77
78       <DirectionalLayout
79           ohos:height="match_content"
80           ohos:width="match_parent"
81           ohos:alignment="vertical_center"
82           ohos:orientation="horizontal">
83
84           <Image
85                ohos:height="64vp"
86                ohos:width="64vp"
87                ohos:image_src="$media:phone"/>
88
89           <Text
90                ohos:height="match_content"
91                ohos:width="match_content"
92                ohos:text="电话: "
93                ohos:text_size="24vp"/>
94
95           <Text
96                ohos:id="$+id:text_phone"
97                ohos:height="match_content"
98                ohos:width="match_content"
99                ohos:text_size="24vp"/>
100      </DirectionalLayout>
101 </DirectionalLayout>
```

　　然后，在 slice 包下面新建一个 ContactsDetailSlice 类，继承自 AbilitySlice，在此类中要关联上刚创建的布局文件，见代码清单 4-17。

代码清单4-17　新建一个从AbilitySlice继承的ContactsDetailSlice类

```
1   package com.xdw.addressbookbyjava.slice;
2
3   import com.xdw.addressbookbyjava.ResourceTable;
4   import com.xdw.addressbookbyjava.constant.Constant;
5   import com.xdw.addressbookbyjava.model.Contacts;
6   import com.xdw.addressbookbyjava.utils.ToastUtil;
7   import ohos.aafwk.ability.AbilitySlice;
8   import ohos.aafwk.content.Intent;
9   import ohos.agp.components.Component;
10  import ohos.agp.components.Image;
11  import ohos.agp.components.Text;
```

```
12
13  /**
14   * Created on 2021/1/3 22:53
15   */
16  public class ContactsDetailSlice extends AbilitySlice {
17      private Text nameText, genderText, phoneText;
18      private Image leftImage;
19
20      @Override
21      protected void onStart(Intent intent) {
22          super.onStart(intent);
23          super.setUIContent(ResourceTable.Layout_ability_slice_contacts_detail);
24          initView();
25          //接收上一个页面传递过来的数据
26          Contacts contacts = (Contacts) intent.getSerializableParam("contacts");
27          if (contacts != null) {
28  //          ToastUtil.showToast(this,"name="+contacts.getName());
29              nameText.setText(contacts.getName());
30              if (contacts.getGender() == Constant.GENDER_MAN) {
31                  genderText.setText(Constant.GENDER_MAN_STRING);
32              } else {
33                  genderText.setText(Constant.GENDER_LADY_STRING);
34              }
35              phoneText.setText(contacts.getPhone());
36          }
37
38      }
39
40      private void initView() {
41          nameText = (Text) findComponentById(ResourceTable.Id_text_name);
42          genderText = (Text) findComponentById(ResourceTable.Id_text_gender);
43          phoneText = (Text) findComponentById(ResourceTable.Id_text_phone);
44          leftImage = (Image) findComponentById(ResourceTable.Id_image_left);
45          //左侧箭头的返回按钮，设置点击事件，并且调用系统的返回方法
46          leftImage.setClickedListener(new Component.ClickedListener() {
47              @Override
48              public void onClick(Component component) {
49                  ToastUtil.showToast(ContactsDetailSlice.this, "onclick");
50                  ContactsDetailSlice.this.onBackPressed();
51              }
52          });
53      }
54  }
```

这里在页面顶部自己加了一个返回图标按钮，通过调用系统 API 的 onBackPressed() 方法可以实现返回上级页面操作。

3. 在联系人列表页面对应的 MainAbilitySlice 代码中添加页面跳转功能

上文已经实现了 ListContainer 的 Item 点击事件，之前是使用 ToastDialog 进行演示的，现在完善这个点击事件的代码，实现页面跳转逻辑，并且传递数据参数到联系人详情页。

修改后的详细代码见代码清单 4-18。

代码清单4-18　完善这个点击事件的代码

```
 1    /**
 2     * 初始化列表
 3     */
 4    private void initListContainer() {
 5        listContainer = (ListContainer) findComponentById(ResourceTable.Id_list_contacts);
 6        list = getData();    //静态数据对接
 7
 8        contactsProvider = new ContactsProvider(list, this);
 9        listContainer.setItemProvider(contactsProvider);
10        //设置列表item的点击事件
11        listContainer.setItemClickedListener(new ListContainer.ItemClickedListener() {
12            @Override
13            public void onItemClicked(ListContainer listContainer,
                Component component, int i, long l) {
14    //            showToast("第" + i + "行被点击");
15                //点击item之后跳转到slice页面，并且传递数据
16                Intent intent = new Intent();
17                intent.setParam("contacts", list.get(i));
18                intent.setParam("name", list.get(i).getName());
19                present(new ContactsDetailSlice(), intent);
20            }
21        });
22
23    }
```

这里第 15 行到第 19 行代码就是两个 AbilitySlice 之间跳转并传参的代码实现。

Intent 是对象之间传递信息的载体。例如，当一个 Ability 需要启动另一个 Ability 时，或者一个 AbilitySlice 需要导航到另一个 AbilitySlice 时，可以通过 Intent 指定启动的目标同时携带相关数据。Intent 的构成元素包括 Operation 与 Parameters，具体描述参见表 4-5。

表 4-5　Intent 的构成元素

属性	子属性	描述
Operation	Action	表示动作，通常使用系统预置 Action，也可以自定义 Action。例如 IntentConstants.ACTION_HOME 表示返回桌面动作
	Entity	表示类别，通常使用系统预置 Entity，也可以自定义 Entity。例如 Intent. ENTITY_HOME 表示在桌面显示图标
	Uri	表示 URI 描述。如果在 Intent 中指定了 URI，则 Intent 将匹配指定的 URI 信息，包括 scheme、schemeSpecificPart、authority 和 path 信息
	Flags	表示处理 Intent 的方式。例如 Intent.FLAG_ABILITY_CONTINUATION 标记在本地的一个 Ability 是否可以迁移到远端设备继续运行
	BundleName	表示包描述。如果在 Intent 中同时指定了 BundleName 和 AbilityName，则 Intent 可以直接匹配到指定的 Ability
	AbilityName	表示待启动的 Ability 名称。如果在 Intent 中同时指定了 BundleName 和 AbilityName，则 Intent 可以直接匹配到指定的 Ability
	DeviceId	表示运行指定 Ability 的设备 ID
Parameters	—	Parameters 是一种支持自定义的数据结构，开发者可以通过 Parameters 传递某些请求所需的额外信息

当 Intent 用于发起请求时，根据指定元素的不同，分为以下两种类型：

1）如果同时指定了 BundleName 与 AbilityName，则根据 Ability 的全称（例如，com. demoapp.FooAbility）来直接启动应用。

2）如果未同时指定 BundleName 和 AbilityName，则根据 Operation 中的其他属性来启动应用。

第 19 行代码就是两个 AbilitySlice 跳转的 API 实现，第一个参数是目标 AbilitySlice 对象实例，第二个参数是 intent。

现在，可以查看运行效果了，见图 4-16。

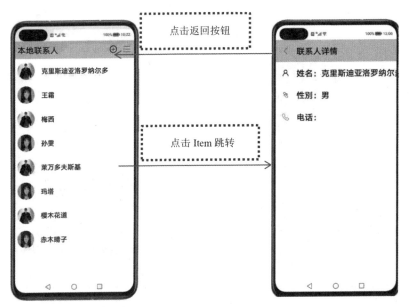

图 4-16　运行效果图

4.7　删除联系人

1. 添加长按监听事件

给 ListContainer 组件添加长按监听事件，先使用 HiLog 或者 ToastDialog 进行调试。修改之前的 initListContainer 方法的代码，如代码清单 4-19 所示。

代码清单4-19　修改之前的initListContainer方法的代码

```
1      /**
2       * 初始化列表
3       */
4      private void initListContainer() {
```

```
5          listContainer = (ListContainer) findComponentById(ResourceTable.Id_list_contacts);
6          list = getData();     //静态数据对接
7
8          contactsProvider = new ContactsProvider(list, this);
9          listContainer.setItemProvider(contactsProvider);
10         //设置列表item的点击事件
11         listContainer.setItemClickedListener(new ListContainer.
           ItemClickedListener() {
12              @Override
13              public void onItemClicked(ListContainer listContainer,
                Component component, int i, long l) {
14 //                 showToast("第" + i + "行被点击");
15                  //点击item之后跳转slice页面，并且传递数据
16                  Intent intent = new Intent();
17                  intent.setParam("contacts", list.get(i));
18                  intent.setParam("name", list.get(i).getName());
19                  present(new ContactsDetailSlice(), intent);
20              }
21         });
22
23         //设置列表item的长按点击事件，弹出系统自带对话框，点击"确定"删除联系人
24         listContainer.setItemLongClickedListener(new ListContainer.
           ItemLongClickedListener() {
25              @Override
26              public boolean onItemLongClicked(ListContainer listContainer,
                Component component, int i, long l) {
27                  showToast("item" + i + "长按操作");
28                  return false;
29              }
30         });
31     }
```

代 码 中 的 ListContainer.ItemClickedListener 和 ListContainer.
ItemLongClickedListener 分别代表列表的普通点击和长按点击监
听器。

此时可以通过运行来测试一下长按操作功能，运行效果如
图 4-17 所示。

2. 删除联系人

长按 item 之后，弹出对话框提醒用户是否进行删除操作，点击
"确定"按钮，删除 item 并刷新列表页面。关于这个步骤的对话框，
此处是直接采用系统自带对话框样式，自定义对话框的操作已经在
前面讲过了。

首先，在 Item 长按监听事件下生成对话框，给对话框的"确
定"和"取消"按钮绑定监听事件，同时给 MainAbilitySlice 定义
一个成员变量 currentIndex，标记当前长按点击的 item 的位置。

然后在对话框的"确定"按钮的点击事件中进行 ListContainer

图 4-17　运行效果图

的数据源的删除和显示的刷新操作。

经过修改后的 MainAbilitySlice 的完整代码见代码清单 4-20。

代码清单4-20　修改后的MainAbilitySlice的完整代码

```
1    package com.xdw.addressbookbyjava.slice;
2
3    import com.xdw.addressbookbyjava.MyApplication;
4    import com.xdw.addressbookbyjava.ResourceTable;
5    import com.xdw.addressbookbyjava.constant.Constant;
6    import com.xdw.addressbookbyjava.dao.ContactsDao;
7    import com.xdw.addressbookbyjava.dao.impl.ContactsDaoImpl;
8    import com.xdw.addressbookbyjava.model.Contacts;
9    import com.xdw.addressbookbyjava.provider.ContactsProvider;
10   import ohos.aafwk.ability.AbilitySlice;
11   import ohos.aafwk.ability.OnClickListener;
12   import ohos.aafwk.content.Intent;
13   import ohos.aafwk.content.IntentParams;
14   import ohos.agp.components.*;
15   import ohos.agp.window.dialog.CommonDialog;
16   import ohos.agp.window.dialog.IDialog;
17   import ohos.agp.window.dialog.ToastDialog;
18   import ohos.hiviewdfx.HiLog;
19   import ohos.hiviewdfx.HiLogLabel;
20
21   import java.util.ArrayList;
22   import java.util.List;
23
24   public class MainAbilitySlice extends AbilitySlice implements Component.ClickedListener {
25       public static final String TAG = "MainAbilitySlice";
26       private static final HiLogLabel LABEL = new HiLogLabel(HiLog.DEBUG, 0, "TAG");
27       private Image addContactsBtn;                    //添加联系人按钮
28       private Image menuBtn;                           //菜单按钮
29       private List<Contacts> list;                     //列表数据源
30       private ListContainer listContainer;             //list列表
31       private ContactsProvider contactsProvider;       //list列表绑定的provider
32       private int currentIndex;                        //当前item的索引位
33       private TextField nameTf;                        //联系人姓名输入框
34       private RadioContainer genderRc;                 //联系人性别单选框组合容器
35       private TextField phoneTf;                       //联系人电话号码输入框
36       private RadioButton manRb;                       //单选按钮，男
37       private RadioButton ladyRb;                      //单选按钮，女
38       private ContactsDao contactsDao = new ContactsDaoImpl();
39
40       //定义系统自带的对话框相关的操作start
41       private static final int DIALOG_BUTTON_CANCEL = 1;
42       private static final int DIALOG_BUTTON_CONFIRM = 2;
43       private IDialog.ClickedListener clickedListener = new IDialog.ClickedListener() {
44           @Override
45           public void onClick(IDialog iDialog, int i) {
46               switch (i) {
47                   case DIALOG_BUTTON_CANCEL:
48   //                    showToast("对话框取消");
49                       iDialog.remove();
50                       break;
```

```
51                  case DIALOG_BUTTON_CONFIRM:
52  //                  showToast("对话框确认");
53                      if (list != null && list.size() > currentIndex) {
54                          list.remove(currentIndex);   //list数据源中删除该项联系人
55                          contactsProvider.notifyDataSetItemRemoved(currentIndex);
                                                          //刷新listcontainer显示
56                          iDialog.remove();            //这里有一个小Bug，可能是系
                            //统问题，这里必须再点一下手机页面listcontainer才能刷新显示
57                      }
58                      break;
59              }
60          }
61      };
62      //定义系统自带的对话框相关的操作end
63
64      @Override
65      public void onStart(Intent intent) {
66          super.onStart(intent);
67          super.setUIContent(ResourceTable.Layout_ability_main);
68          initView();
69          initListContainer();
70
71      }
72
73      @Override
74      public void onActive() {
75          super.onActive();
76      }
77
78      @Override
79      public void onForeground(Intent intent) {
80          super.onForeground(intent);
81      }
82
83      /**
84       * 初始化视图组件以及绑定监听事件
85       */
86      private void initView() {
87          addContactsBtn = (Image) findComponentById(ResourceTable.Id_image_add);
88          menuBtn = (Image) findComponentById(ResourceTable.Id_image_menu);
89          addContactsBtn.setClickedListener(this);
90          menuBtn.setClickedListener(this);
91      }
92
93      /**
94       * 初始化列表
95       */
96      private void initListContainer() {
97          listContainer = (ListContainer) findComponentById(ResourceTable.Id_list_contacts);
98          list = getData();     //静态数据对接
99
100         contactsProvider = new ContactsProvider(list, this);
101         listContainer.setItemProvider(contactsProvider);
102         //设置列表item的点击事件
103         listContainer.setItemClickedListener(new ListContainer.ItemClickedListener() {
```

```
104              @Override
105              public void onItemClicked(ListContainer listContainer,
                 Component component, int i, long l) {
106 //               showToast("第" + i + "行被点击");
107                  //点击item之后跳转slice页面，并且传递数据
108                  Intent intent = new Intent();
109                  intent.setParam("contacts", list.get(i));
110                  intent.setParam("name", list.get(i).getName());
111                  present(new ContactsDetailSlice(), intent);
112              }
113          });
114
115          //设置列表item的长按点击事件，弹出系统自带对话框，点击"确定"并删除联系人
116          listContainer.setItemLongClickedListener(new ListContainer.
             ItemLongClickedListener() {
117              @Override
118              public boolean onItemLongClicked(ListContainer listContainer,
                 Component component, int i, long l) {
119                  showToast("item" + i + "长按操作");
120                  currentIndex = i;
121                  CommonDialog commonDialog = new CommonDialog
                     (MainAbilitySlice.this);
122                  commonDialog.setContentText("确认删除该联系人吗？");
123                  commonDialog.setButton(DIALOG_BUTTON_CANCEL,"取消",clickedListener);
124                  commonDialog.setButton(DIALOG_BUTTON_CONFIRM,"确定",clickedListener);
125                  commonDialog.show();
126                  return false;
127              }
128          });
129      }
130
131      //生成静态的列表数据进行模拟，在对接SQLite或者服务端之后不再使用
132      private List<Contacts> getData() {
133          List<Contacts> list = new ArrayList<>();
134          String[] names = {"克里斯迪亚洛罗纳尔多", "王霜", "梅西", "孙雯",
                             "莱万多夫斯基", "玛塔", "樱木花道", "赤木晴子"};
135          for (int i = 0; i <= 7; i++) {
136              list.add(new Contacts(names[i], i % 2));
137          }
138          return list;
139      }
140
141      //创建并显示自定义的添加联系人操作的对话框
142      private void showAddContactsDialog() {
143          CommonDialog commonDialog = new CommonDialog(this);
144
145          Component dialogComponent = LayoutScatter.getInstance(getContext())
146              .parse(ResourceTable.Layout_dialog_add_contacts, null, true);
147
148 //       commonDialog.setSize(800, 600);      //设置对话框尺寸
149          Button btnConfirm = (Button) dialogComponent.findComponentById
             (ResourceTable.Id_btn_confirm);
150          Button btnCancel = (Button) dialogComponent.findComponentById
             (ResourceTable.Id_btn_cancel);
151          nameTf = (TextField) dialogComponent.findComponentById
```

```
              (ResourceTable.Id_tf_name);
152       phoneTf = (TextField) dialogComponent.findComponentById
              (ResourceTable.Id_tf_phone);
153       genderRc = (RadioContainer) dialogComponent.findComponentById
              (ResourceTable.Id_rc_gender);
154       manRb = (RadioButton) dialogComponent.findComponentById
              (ResourceTable.Id_rb_man);
155       ladyRb = (RadioButton) dialogComponent.findComponentById
              (ResourceTable.Id_rb_lady);
156       manRb.setChecked(true);
157       genderRc.setMarkChangedListener(new RadioContainer.
              CheckedStateChangedListener() {
158           @Override
159           public void onCheckedChanged(RadioContainer radioContainer, int i) {
160
161           }
162       });
163       //采用传统的匿名内部类实现按钮监听器
164       btnConfirm.setClickedListener(new Component.ClickedListener() {
165           @Override
166           public void onClick(Component component) {
167               new ToastDialog(MainAbilitySlice.this).setText("确定").
                      setDuration(2000).show();
168               //list.add(new Contacts("内马尔", 0));
169               Contacts contacts = generateContactsFromInput();
170               list.add(contacts);              //更新list中存储的数据
171               contactsProvider.notifyDataChanged();  //更新listcontainer
172               commonDialog.remove();
173           }
174       });
175
176       //采用lambda表达式实现按钮监听器
177       btnCancel.setClickedListener((Component component) -> {
178           new ToastDialog(MainAbilitySlice.this).setText("取消").
                  setDuration(2000).show();
179           commonDialog.remove();
180       });
181
182
183       commonDialog.setContentCustomComponent(dialogComponent);
184
185       commonDialog.show();
186   }
187
188   @Override
189   public void onClick(Component component) {
190       switch (component.getId()) {
191           case ResourceTable.Id_image_add:   //添加按钮，点击事件触发
192               showAddContactsDialog();
193               break;
194           case ResourceTable.Id_image_menu:   //菜单按钮，点击事件触发
195               new ToastDialog(MainAbilitySlice.this).setText
                      ("菜单功能待完成").setDuration(2000).show();
196               break;
197       }
```

```
198       }
199
200       //通过对话框的输入页面输入的数据产生联系人
201       private Contacts generateContactsFromInput() {
202           Contacts contacts = new Contacts();
203           HiLog.info(LABEL, "checked id =" + genderRc.getMarkedButtonId());
204           if (genderRc.getMarkedButtonId() == Constant.GENDER_MAN) {
205               contacts.setGender(Constant.GENDER_MAN);
206           } else {
207               contacts.setGender(Constant.GENDER_LADY);
208           }
209           contacts.setName(nameTf.getText().trim());
210           contacts.setPhone(phoneTf.getText().trim());
211           return contacts;
212       }
213
214       private void showToast(String msg) {
215           new ToastDialog(MainAbilitySlice.this).setText(msg).
               setDuration(2000).show();
216       }
217
218 }
```

此时可以测试运行效果了，如图 4-18 所示。

图 4-18　运行效果图

4.8　通过对接 SQLite 实现数据持久化

在之前的步骤中，联系人的数据都是保存在内存中的，添加或删除联系人数据之后，重新启动 App 时数据就会丢失，因此需要将数据持久化。HarmonyOS 提供了 SQLite 轻量级数据库来进行本地数据的持久化存储。

1. 数据库创建和删除 API

SQLite 提供了数据库创建和删除接口，涉及的 API 如表 4-6 所示。

表 4-6　数据库创建和删除 API

类名	接口名	描述
StoreConfig.Builder	public builder()	对数据库进行配置，包括设置数据库名、存储模式、日志模式、同步模式，是否为只读，以及对数据库加密
RdbOpenCallback	public abstract void onCreate(RdbStore store)	数据库创建时被回调，开发者可以在该方法中初始化表结构，并添加一些应用使用到的初始化数据
RdbOpenCallback	public abstract void onUpgrade(RdbStore store, int currentVersion, int targetVersion)	数据库升级时被回调
DatabaseHelper	public RdbStore getRdbStore(StoreConfig config, int version, RdbOpenCallback openCallback, ResultSetHook resultSetHook)	根据配置创建或打开数据库
DatabaseHelper	public boolean deleteRdbStore(String name)	删除指定的数据库

2. 数据的增删改查 API

关系型数据库提供本地数据增删改查操作的能力，相关 API 分别如表 4-7 至表 4-10 所示。

表 4-7　数据插入 API

类名	接口名	描述
RdbStore	long insert(String table, ValuesBucket initialValues)	向数据库插入数据 table：待添加数据的表名 initialValues：以 ValuesBucket 存储的待插入的数据。它提供一系列 put 方法，如 putString(String columnName, String values)、putDouble(String columnName, double value)，用于向 ValuesBucket 中添加数据

（1）新增

关系型数据库提供了插入数据的接口，通过 ValuesBucket 输入要存储的数据，通过返回值判断是否插入成功，插入成功时返回最新插入数据所在的行号，失败则返回 –1。

（2）更新

调用更新接口可传入要更新的数据，并通过 AbsRdbPredicates 指定更新条件。该接口的返回值表示更新操作影响的行数。如果更新失败，则返回 0。

表 4-8 数据更新 API

类名	接口名	描述
RdbStore	int update(ValuesBucket values, AbsRdbPredicates predicates)	更新数据库表中符合谓词指定条件的数据 values：以 ValuesBucket 存储的要更新的数据 predicates：指定了更新操作的表名和条件。AbsRdbPredicates 的实现类有两个——RdbPredicates 和 RawRdbPredicates RdbPredicates：支持调用谓词提供的 equalTo 等接口，设置更新条件 RawRdbPredicates：仅支持设置表名、where 条件子句、whereArgs 三个参数，不支持 equalTo 等接口调用

（3）删除

调用删除接口，通过 AbsRdbPredicates 指定删除条件。该接口的返回值表示删除的数据行数，可根据此值判断是否成功删除。如果删除失败，则返回 0。

表 4-9 数据删除 API

类名	接口名	描述
RdbStore	int delete(AbsRdbPredicates predicates)	删除数据 predicates：Rdb 谓词，指定了删除操作的表名和条件。AbsRdbPredicates 的实现类有两个——RdbPredicates 和 RawRdbPredicates

（4）查询

关系型数据库提供了两种查询数据的方式：

❑ 直接调用查询接口。使用该接口，会将包含查询条件的谓词自动拼接成完整的 SQL 语句进行查询操作，无须用户传入原生的 SQL。

❑ 执行用于查询的原生 SQL 语句。

表 4-10 数据查询 API

类名	接口名	描述
RdbStore	ResultSet query(AbsRdbPredicates predicates, String[] columns)	查询数据 predicates：谓词，可以设置查询条件。AbsRdbPredicates 的实现类有两个——RdbPredicates 和 RawRdbPredicates RdbPredicates：支持调用谓词提供的 equalTo 等接口，设置查询条件 RawRdbPredicates：仅支持设置表名、where 条件子句、whereArgs 三个参数，不支持 equalTo 等接口调用 columns：规定查询返回的列

（续）

类名	接口名	描述
RdbStore	ResultSet querySql(String sql, String[] sqlArgs)	执行用于查询操作的原生 SQL 语句 sql：用于查询的原生 SQL 语句 sqlArgs：SQL 语句中占位符参数的值，若 select 语句中没有使用占位符，则该参数可以设置为 null

了解完 SQLite 相关 API 之后，下面开始具体的使用操作。

3. 在 dao 包下面创建一个数据库操作接口 ContactsDao

相关代码见代码清单 4-21。

代码清单4-21　创建一个数据库操作接口ContactsDao

```
1    package com.xdw.addressbookbyjava.dao;
2
3    import com.xdw.addressbookbyjava.model.Contacts;
4
5    import java.util.List;
6
7    /**
8     * Created on 2021/1/5 21:14
9     */
10   public interface ContactsDao {
11       long insertContacts(Contacts contacts);       //插入联系人
12
13       long deleteContacts(int id);                   //根据id删除联系人
14
15       List<Contacts> queryContactsById(int id);     //根据id查询联系人
16
17       long updateContacts(Contacts contacts);        //更新联系人
18
19       List<Contacts> getAllContacts();               //获取所有联系人
20   }
```

4. 集成 SQLite 的关键 API 操作

在 HAP 的入口类 MyApplication 中集成 SQLite 的关键 API 操作，并封装出一个对外调用的方法。相关代码见代码清单 4-22。

代码清单4-22　在MyApplication中集成SQLite的关键API操作

```
1    package com.xdw.addressbookbyjava;
2
3    import ohos.aafwk.ability.AbilityPackage;
4    import ohos.data.DatabaseHelper;
5    import ohos.data.rdb.RdbOpenCallback;
6    import ohos.data.rdb.RdbStore;
7    import ohos.data.rdb.StoreConfig;
8
9    public class MyApplication extends AbilityPackage {
```

```
10      //该项目案例开发了两个版本进行演示，一个是无数据库的静态数据版本，一个是带数据库操作的SQLite版本
11      public static final int STATIC_DATA_VERSION =1;
12      public static final int SQLITE_DATA_VERSION =2;
13      //定义DEV_DATA_VERSION，通过切换该版本号来快速切换静态数据版本和数据库版本
14      public static final int DEV_DATA_VERSION = SQLITE_DATA_VERSION;
15      private static RdbStore store;     //在入口类中定义store对象，这是用来进行
                                           //SQLite API操作的关键对象
16      private static final RdbOpenCallback callback = new RdbOpenCallback() {
17          @Override
18          public void onCreate(RdbStore store) {
19              store.executeSql("CREATE TABLE IF NOT EXISTS contacts (id
                INTEGER PRIMARY KEY AUTOINCREMENT, name TEXT NOT NULL, gender
                INTEGER,phone TEXT NOT NULL, groupId INTEGER)");
20          }
21
22          @Override
23          public void onUpgrade(RdbStore store, int oldVersion, int newVersion) {
24          }
25      };
26
27      @Override
28      public void onInitialize() {
29          super.onInitialize();
30          //在程序入口处初始化数据库信息
31          StoreConfig config = StoreConfig.newDefaultConfig("RdbContacts.db");
            //RdbContacts.db为数据库名称，不存在则自动创建
32          DatabaseHelper helper = new DatabaseHelper(this);
33          store = helper.getRdbStore(config, 1, callback, null);   //生成store对象
34      }
35
36      /**
37       * 定义获取store对象的方法，后面可以随时调用以进行数据库相关操作
38       *
39       * @return
40       */
41      public static RdbStore getRdbStore() {
42          return store;
43      }
44  }
```

> **注意** 这里为了灵活地与前面静态数据版本功能加以对比和切换，定义了一个配置项常量 DEV_DATA_VERSION，后面在进行测试时可以通过切换它的值，快速切换静态数据版本和数据库版本。

5. 新建一个 ContactsDaoImpl 类来实现 ContactsDao 接口
详细代码如代码清单 4-23 所示。

代码清单4-23　实现ContactsDao接口

```
1    package com.xdw.addressbookbyjava.dao.impl;
2
3    import com.xdw.addressbookbyjava.MyApplication;
```

```
4    import com.xdw.addressbookbyjava.dao.ContactsDao;
5    import com.xdw.addressbookbyjava.model.Contacts;
6    import ohos.data.rdb.RdbPredicates;
7    import ohos.data.rdb.ValuesBucket;
8    import ohos.data.resultset.ResultSet;
9    import ohos.hiviewdfx.HiLog;
10   import ohos.hiviewdfx.HiLogLabel;
11
12   import java.util.ArrayList;
13   import java.util.List;
14
15   /**
16    * Created on 2021/1/5 21:18
17    */
18   public class ContactsDaoImpl implements ContactsDao {
19       public static final String TAG = "ContactsDaoImpl";
20       private static final HiLogLabel LABEL = new HiLogLabel(HiLog.DEBUG, 0, TAG);
21
22       @Override
23       public long insertContacts(Contacts contacts) {
24           ValuesBucket values = new ValuesBucket();
25           values.putString("name", contacts.getName());
26           values.putInteger("gender", contacts.getGender());
27           values.putString("phone", contacts.getPhone());
28           long id = MyApplication.getRdbStore().insert("contacts", values);
29           return id;
30       }
31
32       @Override
33       public long deleteContacts(int id) {
34           RdbPredicates rdbPredicates = new RdbPredicates("contacts").
                 equalTo("id", id);
35           HiLog.error(LABEL,"deleteid="+id);
36           int num = MyApplication.getRdbStore().delete(rdbPredicates);
37           return num;
38       }
39
40       @Override
41       public List<Contacts> queryContactsById(int id) {
42           List<Contacts> contactsList = new ArrayList<>();
43           String[] columns = new String[]{"id", "name", "gender", "phone"};
44           RdbPredicates rdbPredicates = new RdbPredicates("contacts").
                 equalTo("id", id).orderByAsc("id");
45           ResultSet resultSet = MyApplication.getRdbStore().
                 query(rdbPredicates, columns);
46           while (resultSet.goToNextRow()) {
47               Contacts contacts = new Contacts();
48               HiLog.error(LABEL, "id="+resultSet.getString(0));
49               contacts.setId(resultSet.getInt(0));
50               contacts.setName(resultSet.getString(1));
51               contacts.setGender(resultSet.getInt(2));
52               contacts.setPhone(resultSet.getString(3));
53               contactsList.add(contacts);
54           }
55           return contactsList;
```

```
56          }
57
58          @Override
59          public long updateContacts(Contacts contacts) {
60              return 0;
61          }
62
63          @Override
64          public List<Contacts> getAllContacts() {
65              List<Contacts> contactsList = new ArrayList<>();
66              String[] columns = new String[]{"id", "name", "gender", "phone"};
67              RdbPredicates rdbPredicates = new RdbPredicates("contacts").orderByAsc("id");
68              ResultSet resultSet = MyApplication.getRdbStore().
                    query(rdbPredicates, columns);
69              while (resultSet.goToNextRow()) {
70                  Contacts contacts = new Contacts();
71                  HiLog.error(LABEL, "id="+resultSet.getString(0));
72                  contacts.setId(resultSet.getInt(0));
73                  contacts.setName(resultSet.getString(1));
74                  contacts.setGender(resultSet.getInt(2));
75                  contacts.setPhone(resultSet.getString(3));
76                  contactsList.add(contacts);
77              }
78              return contactsList;
79          }
80      }
```

> **注意** 这样就通过 DAO 接口的方式将页面 Slice 和 SQLite 的操作进行了解耦，让我们可以用通常 MVC 操作数据库的思维来进行操作。后期还可以轻松切换成与服务器对接，而不用大动 Slice 里面的代码。

6. 在 MainAbilitySlice 中调用 DAO 接口的功能

代码清单 4-24 是最终集成好所有功能的 MainAbilitySlice 的代码。

代码清单4-24　MainAbilitySlice的代码

```
1   package com.xdw.addressbookbyjava.slice;
2
3   import com.xdw.addressbookbyjava.MyApplication;
4   import com.xdw.addressbookbyjava.ResourceTable;
5   import com.xdw.addressbookbyjava.constant.Constant;
6   import com.xdw.addressbookbyjava.dao.ContactsDao;
7   import com.xdw.addressbookbyjava.dao.impl.ContactsDaoImpl;
8   import com.xdw.addressbookbyjava.model.Contacts;
9   import com.xdw.addressbookbyjava.provider.ContactsProvider;
10  import ohos.aafwk.ability.AbilitySlice;
11  import ohos.aafwk.ability.OnClickListener;
12  import ohos.aafwk.content.Intent;
13  import ohos.aafwk.content.IntentParams;
14  import ohos.agp.components.*;
15  import ohos.agp.window.dialog.CommonDialog;
```

```
16  import ohos.agp.window.dialog.IDialog;
17  import ohos.agp.window.dialog.ToastDialog;
18  import ohos.hiviewdfx.HiLog;
19  import ohos.hiviewdfx.HiLogLabel;
20
21  import java.util.ArrayList;
22  import java.util.List;
23
24  public class MainAbilitySlice extends AbilitySlice implements Component.ClickedListener {
25      public static final String TAG = "MainAbilitySlice";
26      private static final HiLogLabel LABEL = new HiLogLabel(HiLog.DEBUG, 0, "TAG");
27      private Image addContactsBtn;                    //添加联系人按钮
28      private Image menuBtn;                           //菜单按钮
29      private List<Contacts> list;                     //列表数据源
30      private ListContainer listContainer;             //list列表
31      private ContactsProvider contactsProvider;       //list列表绑定的provider
32      private int currentIndex;                        //当前item的索引位
33      private TextField nameTf;                         //联系人姓名输入框
34      private RadioContainer genderRc;                  //联系人性别单选框组合容器
35      private TextField phoneTf;                        //联系人电话号码输入框
36      private RadioButton manRb;                        //单选按钮，男
37      private RadioButton ladyRb;                       //单选按钮，女
38      private ContactsDao contactsDao = new ContactsDaoImpl();
39
40      //定义系统自带的对话框相关的操作start
41      private static final int DIALOG_BUTTON_CANCEL = 1;
42      private static final int DIALOG_BUTTON_CONFIRM = 2;
43      private IDialog.ClickedListener clickedListener = new IDialog.ClickedListener() {
44          @Override
45          public void onClick(IDialog iDialog, int i) {
46              switch (i) {
47                  case DIALOG_BUTTON_CANCEL:
48  //                  showToast("对话框取消");
49                      iDialog.remove();
50                      break;
51                  case DIALOG_BUTTON_CONFIRM:
52  //                  showToast("对话框确认");
53                      if (list != null && list.size() > currentIndex) {
54                          if (MyApplication.DEV_DATA_VERSION ==
                                MyApplication.SQLITE_DATA_VERSION) {
55                              contactsDao.deleteContacts(list.get(currentIndex).
                                    getId()); //从数据库删除联系人
56                          }
57                          list.remove(currentIndex);   //从list数据源中删除该项联系人
58                          contactsProvider.notifyDataSetItemRemoved(currentIndex);
59                          iDialog.remove();
60                      }
61                      break;
62              }
63          }
64      };
65      //定义系统自带的对话框相关的操作end
66
67      @Override
68      public void onStart(Intent intent) {
```

```
69              super.onStart(intent);
70              super.setUIContent(ResourceTable.Layout_ability_main);
71              initView();
72              initListContainer();
73
74          }
75
76          @Override
77          public void onActive() {
78              super.onActive();
79          }
80
81          @Override
82          public void onForeground(Intent intent) {
83              super.onForeground(intent);
84          }
85
86          /**
87           * 初始化视图组件以及绑定监听事件
88           */
89          private void initView() {
90              addContactsBtn = (Image) findComponentById(ResourceTable.Id_image_add);
91              menuBtn = (Image) findComponentById(ResourceTable.Id_image_menu);
92              addContactsBtn.setClickedListener(this);
93              menuBtn.setClickedListener(this);
94          }
95
96          /**
97           * 初始化列表
98           */
99          private void initListContainer() {
100             listContainer = (ListContainer) findComponentById(ResourceTable.Id_list_contacts);
101             if (MyApplication.DEV_DATA_VERSION == MyApplication.SQLITE_DATA_VERSION) {
102                 list = getSqliteData(); //SQLite数据库数据对接
103             } else {
104                 list = getData();          //静态数据对接
105             }
106
107
108             contactsProvider = new ContactsProvider(list, this);
109             listContainer.setItemProvider(contactsProvider);
110             //设置列表item的点击事件
111             listContainer.setItemClickedListener(new ListContainer.ItemClickedListener() {
112                 @Override
113                 public void onItemClicked(ListContainer listContainer,
                        Component component, int i, long l) {
114 //                    showToast("第" + i + "行被点击");
115                     //点击item之后跳转slice页面，并且传递数据
116                     Intent intent = new Intent();
117                     intent.setParam("contacts", list.get(i));
118                     intent.setParam("name", list.get(i).getName());
119                     present(new ContactsDetailSlice(), intent);
120                 }
121             });
122
```

```
123           //设置列表item的长按点击事件，弹出系统自带对话框，点击"确定"并删除联系人
124           listContainer.setItemLongClickedListener(new ListContainer.
              ItemLongClickedListener() {
125               @Override
126               public boolean onItemLongClicked(ListContainer listContainer,
                  Component component, int i, long l) {
127                   showToast("item" + i + "长按操作");
128                   currentIndex = i;
129                   CommonDialog commonDialog = new CommonDialog
                      (MainAbilitySlice.this);
130                   commonDialog.setContentText("确认删除该联系人吗？");
131                   commonDialog.setButton(DIALOG_BUTTON_CANCEL, "取消", clickedListener);
132                   commonDialog.setButton(DIALOG_BUTTON_CONFIRM, "确定", clickedListener);
133                   commonDialog.show();
134                   return false;
135               }
136           });
137       }
138
139       //生成静态的列表数据进行模拟，在对接SQLite或者服务端之后不再使用
140       private List<Contacts> getData() {
141           List<Contacts> list = new ArrayList<>();
142           String[] names = {"克里斯迪亚洛罗纳尔多", "王霜", "梅西", "孙雯",
                              "莱万多夫斯基", "玛塔", "樱木花道", "赤木晴子"};
143           for (int i = 0; i <= 7; i++) {
144               list.add(new Contacts(names[i], i % 2));
145           }
146           return list;
147       }
148
149       //创建并显示自定义的添加联系人操作的对话框
150       private void showAddContactsDialog() {
151           CommonDialog commonDialog = new CommonDialog(this);
152
153           Component dialogComponent = LayoutScatter.getInstance(getContext())
154                   .parse(ResourceTable.Layout_dialog_add_contacts, null, true);
155
156 //        commonDialog.setSize(800, 600);        //设置对话框尺寸
157           Button btnConfirm = (Button) dialogComponent.findComponentById
              (ResourceTable.Id_btn_confirm);
158           Button btnCancel = (Button) dialogComponent.findComponentById
              (ResourceTable.Id_btn_cancel);
159           nameTf = (TextField) dialogComponent.findComponentById
              (ResourceTable.Id_tf_name);
160           phoneTf = (TextField) dialogComponent.findComponentById
              (ResourceTable.Id_tf_phone);
161           genderRc = (RadioContainer) dialogComponent.findComponentById
              (ResourceTable.Id_rc_gender);
162           manRb = (RadioButton) dialogComponent.findComponentById
              (ResourceTable.Id_rb_man);
163           ladyRb = (RadioButton) dialogComponent.findComponentById
              (ResourceTable.Id_rb_lady);
164           manRb.setChecked(true);
165           genderRc.setMarkChangedListener(new RadioContainer.CheckedState
              ChangedListener() {
```

```
166                    @Override
167                    public void onCheckedChanged(RadioContainer radioContainer, int i) {
168
169                    }
170            });
171            //采用传统的匿名内部类实现按钮监听器
172            btnConfirm.setClickedListener(new Component.ClickedListener() {
173                @Override
174                public void onClick(Component component) {
175                    new ToastDialog(MainAbilitySlice.this).setText
                        ("确定").setDuration(2000).show();
176                    //list.add(new Contacts("内马尔", 0));
177                    Contacts contacts = generateContactsFromInput();
178                    if (MyApplication.DEV_DATA_VERSION == MyApplication.
                        SQLITE_DATA_VERSION) {
179                        contactsDao.insertContacts(contacts);
                //添加到数据库中，当没有对接SQLite而是使用静态数据测试的时候，没有这一步
180                    }
181                    list.add(contacts);                        //更新list中存储的数据
182                    contactsProvider.notifyDataChanged();   //更新listcontainer
183                    commonDialog.remove();
184                }
185            });
186
187            //采用lambda表达式实现按钮监听器
188            btnCancel.setClickedListener((Component component) -> {
189                new ToastDialog(MainAbilitySlice.this).setText
                    ("取消").setDuration(2000).show();
190                commonDialog.remove();
191            });
192
193
194            commonDialog.setContentCustomComponent(dialogComponent);
195
196            commonDialog.show();
197        }
198
199        @Override
200        public void onClick(Component component) {
201            switch (component.getId()) {
202                case ResourceTable.Id_image_add:      //添加按钮，点击事件触发
203                    showAddContactsDialog();
204                    break;
205                case ResourceTable.Id_image_menu:      //菜单按钮，点击事件触发
206                    new ToastDialog(MainAbilitySlice.this).setText
                        ("菜单功能待完成").setDuration(2000).show();
207                    break;
208            }
209        }
210
211        //通过对话框的输入页面输入的数据产生联系人
212        private Contacts generateContactsFromInput() {
213            Contacts contacts = new Contacts();
214            HiLog.info(LABEL, "checked id =" + genderRc.getMarkedButtonId());
215            if (genderRc.getMarkedButtonId() == Constant.GENDER_MAN) {
```

```
216              contacts.setGender(Constant.GENDER_MAN);
217          } else {
218              contacts.setGender(Constant.GENDER_LADY);
219          }
220          contacts.setName(nameTf.getText().trim());
221          contacts.setPhone(phoneTf.getText().trim());
222          return contacts;
223      }
224
225      private void showToast(String msg) {
226          new ToastDialog(MainAbilitySlice.this).setText(msg).
             setDuration(2000).show();
227      }
228
229      //获取SQLite数据库中的数据，集成SQLite之后调用这个方法，取代之前的静态数据方法
230      private List<Contacts> getSqliteData() {
231          return contactsDao.getAllContacts();
232      }
233
234      /**
235       * 测试数据库是否生效
236       */
237      private void testInsertContacts() {
238          Contacts contacts = new Contacts();
239          contacts.setName("xiadewang");
240          contacts.setPhone("13437124333");
241          contacts.setGender(0);
242          contactsDao.insertContacts(contacts);
243      }
244 }
```

这里的 SQLite 操作采用的是原生 ResultSet 的 API 调用，操作数据转化比较麻烦。HarmonyOS 官方文档还提供了 ORM 模型的操作方式，这里不再介绍，留给读者自行扩展。完成所有步骤之后，请做个完整的功能测试。

4.9 使用第三方开源库实现弹出式菜单

HarmonyOS 并不直接提供弹出式菜单组件，为了实现该功能，我们可以利用系统 SDK 通过自定义组件来实现。前面我们已经简单讲解过一个自定义组件的入门，这里为了快速实现弹出式菜单功能，我们直接引用 OpenHarmony 开源组件库中的一个优秀开源组件 XPopup 来实现。

1）首先，在 Module 中的 build.gradle 文件中引入第三方组件 XPopup 的依赖。

```
implementation 'io.openharmony.tpc.thirdlib:XPopup:1.0.5'
```

修改完毕之后，请务必点击 Gradle 工具的 sync 按钮，下载库文件并添加依赖，如图 4-19 所示。

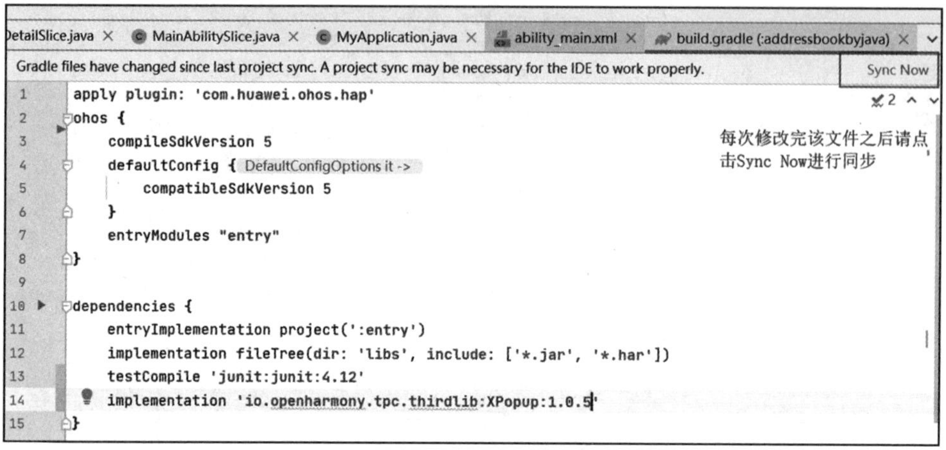

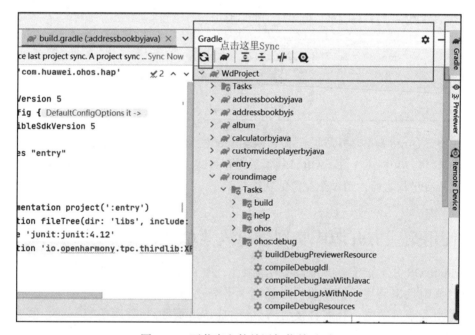

图 4-19 下载库文件并添加依赖（1）

也可以打开右侧 Gradle 工具栏，点击刷新按钮图标进行同步，如图 4-20 所示。

图 4-20 下载库文件并添加依赖（2）

2）修改 MainAbilitySlice 代码。

添加一个成员变量：

```
//定义一个成员变量，表示XPopup的构造器对象，用于创建弹出式菜单
XPopup.Builder builder;
```

初始化 builder 对象的代码见代码清单 4-25。

代码清单4-25　初始化builder对象

```
1    /**
2     * 初始化视图组件以及绑定监听事件
3     */
4    private void initView() {
5        addContactsBtn = (Image) findComponentById(ResourceTable.Id_image_add);
6        menuBtn = (Image) findComponentById(ResourceTable.Id_image_menu);
7        addContactsBtn.setClickedListener(this);
8        // 必须在事件发生前，调用这个方法来监视视图组件的触摸
9        builder = new XPopup.Builder(getContext()).watchView(menuBtn);
10       menuBtn.setClickedListener(this);
11   }
```

修改菜单按钮的点击事件代码，触发菜单项弹出，见代码清单 4-26。

代码清单4-26　修改菜单按钮的点击事件代码

```
1    @Override
2    public void onClick(Component component) {
3        switch (component.getId()) {
4            case ResourceTable.Id_image_add:      // "添加按钮"，点击事件触发
5                showAddContactsDialog();
6                break;
7            case ResourceTable.Id_image_menu:     // "菜单按钮"，点击事件触发
8                //new ToastDialog(MainAbilitySlice.this).setText
                 ("菜单功能待完成").setDuration(2000).show();
9                //在点击的菜单按钮附近弹出子菜单项，asAttachList方法代表依托受监视的
                 //组件进行弹出
10               builder.asAttachList(new String[]{"静态数据", "sqlite数据",
                 "服务端数据"}, null,
11                   new OnSelectListener() {
12                       @Override
13                       public void onSelect(int position, String text) {
14                           new ToastDialog(MainAbilitySlice.this).
                             setText("click " + text).setDuration(2000).show();
15                       }
16                   })
17                   .show();
18               break;
19       }
20   }
```

此步骤完成之后测试效果，如图 4-21 所示。

图 4-21　测试效果图

4.10　通过 HTTP 网络通信与服务端交互

1. HTTP 讲解

App（客户端）与服务器通信通常采用 HTTP 和 Socket 通信方式，在 HarmonyOS 中也是如此，而 HTTP 通信是最常用的，本文重点讲解如何通过 HTTP 与服务端进行数据交互。

HTTP（超文本传输协议）定义了客户端向服务器进行请求时使用的协议，如客户端请求文本、图片、音频、视频等，服务端将这些资源传送给客户端。HTTP 是基于 TCP/IP 之上的协议，具有无状态、无连接的特点，采用"请求–应答"模式。

客户端通常向服务端 URL 发送请求（根据业务需要，还会携带请求参数），请求方式最常见的有 get 和 post，服务端接收到相应请求之后会进行业务逻辑处理，处理完成之后返回数据结果给客户端，而客户端和服务端之间交互的数据结构目前主流是 JSON，客户端收到服务端反馈的数据之后可以使用该数据进行页面 UI 的渲染。

在实际项目开发中，为了更好地实施与协同客户端和服务端的开发，往往会先编写接口文件，客户端和服务端都遵循接口文件进行开发即可。下面简单编写一个通讯录功能的接口协议，如表 4-11 所示。

表 4-11　通讯录功能的接口协议

编号	功能描述	请求资源 URL	请求方式	请求参数	返回结果示例
S001	获取所有通讯录数据	/api/getAllContacts	GET	无	{"code":1,"msg":"操作成功","data":[{"id":0,"name":"克里斯迪亚洛罗纳尔多","gender":0,"phone":null,"groupId":0}]}
S002	删除某个联系人	/api/deleteContact	POST	int 类型　id	{"code":1,"msg":"操作成功","data":[]}

服务端 URL 的地址和端口为：http://www.codeking.club:8080/
code 为 1 表示数据请求成功，其他表示请求结果异常，详情请见返回结果异常表，这里就不展示异常表了

下面针对该接口文档进行开发，本项目采用 Java UI 框架进行 App 开发。Java 通用的各类网络请求框架在此都适用，比如 JDK 自带的 HttpURLConnection，但是直接使用 HttpURLConnection 开发比较烦琐，实际项目中使用较少。实际项目开发中通常会用 OkHttp 或者 Retrofit 进行网络请求开发，往往还会融入 MVP 设计模式和 RxJava 等，本项目选择 OkHttp3 进行代码开发，其他的留给读者自行学习。

2. 服务端部署

首先本项目采用 Spring Boot 写了一个简单的服务器接口，服务端程序已经打成 jar 包，该 jar 包文件请见随书附件 "harmonyaddressbookserver-0.0.1-SNAPSHOT.jar"，由于这里使用网络版模拟器进行调试，所以需要将该 jar 包部署到可以公网访问的服务器上才行，然后使用脚本 java-jar harmonyaddressbookserver-0.0.1-SNAPSHOT.jar 运行即可，运行成功之后使用浏览器输入接口地址进行测试，测试结果如图 4-22 所示。

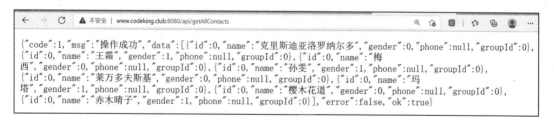

图 4-22　测试结果图

3. 代码编写

首先在 build.gradle 文件中引入 OkHttp3 库和 fastjson 库，引入 fastjson 库是为了做 JSON 和 Java 对象间的解析。

```
implementation 'com.squareup.okhttp3:okhttp:3.10.0'
implementation group: 'com.alibaba', name: 'fastjson', version: '1.2.75'
```

添加网络请求权限，在 config.json 的 module 元素下添加代码清单 4-27 中的代码。

代码清单4-27　添加网络请求权限

```
"reqPermissions": [
  {
    "name": "ohos.permission.INTERNET"
  }
],
```

此时开通的网络请求是只支持 HTTPS，而现在需要使用 HTTP，因此还要进行代码清单 4-28 所示的配置。

代码清单4-28　配置HTTP

```
"deviceConfig": {
  "default": {
    "network": {
      "cleartextTraffic": true
    }
  }
},
```

> 注意　如果是单模块工程，这里配置完成之后就会支持 HTTP，但是多模块下还需要检查一个配置，如代码清单 4-29 所示。

代码清单4-29　多模块下还需要检查一个配置

```
"distro": {
  "deliveryWithInstall": true,
  "moduleName": "entry",
  "moduleType": "entry",
  "installationFree": false
},
```

请检查这里的 moduleType 是否是 entry，如果不是 entry，则会报错即不支持 HTTP，报错信息如图 4-23 所示。

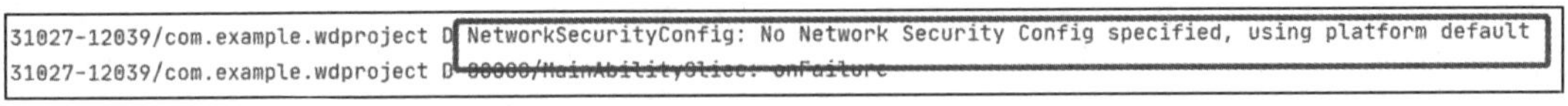

```
31027-12039/com.example.wdproject D NetworkSecurityConfig: No Network Security Config specified, using platform default
31027-12039/com.example.wdproject D 00000/MainAbilitySlice: onFailure
```

图 4-23　报错信息图

创建 ApiResult 类来封装服务端返回的数据，如代码清单 4-30 所示。

代码清单4-30　创建ApiResult类来封装服务端返回的数据

```
package com.xdw.addressbookbyjava.model;
public class ApiResult<T> {
    public static final int SUCCESS = 1;
    public static final int ERROR = -1;
    /**
     * 状态码 1: success, -1: error
```

```
    */
    private int code;
    /**
     * 提示消息
     */
    private String msg;
    /**
     * 结果数据
     */
    private T data;
    public int getCode() {
        return code;
    }
    public void setCode(int code) {
        this.code = code;
    }
    public String getMsg() {
        return msg;
    }
    public void setMsg(String msg) {
        this.msg = msg;
    }
    public T getData() {
        return data;
    }
    public void setData(T data) {
        this.data = data;
    }
}
```

在原有的常量类 Constant 类中添加一个常量，以记录服务端 URL 前缀，包括地址和端口。

```
String SERVER_BASE_URL="http://www.codeking.club:8080";
```

然后定义一个请求服务端数据的方法，该方法中会用到 OkHttp3。在 HarmonyOS 中，网络请求这类耗时任务都不能放到 UI 主线程中，需要新建一个子线程进行请求。

代码清单4-31　新建一个子线程进行请求

```
1  //通过HTTP请求获取服务端数据
2      private void getServerData() {
3          String res_url = "/api/getAllContacts";        //请求URL资源地址
4          OkHttpClient okHttpClient = new OkHttpClient(); //创建一个okHttpClient对象
5          //设置网络请求的地址、端口、请求方式
6          final Request request = new Request.Builder()
7                  .url(Constant.SERVER_BASE_URL+res_url)
8                  .get()//默认就是GET请求，可以不写
9                  .build();
10         //创建用于请求的call对象
11         Call call = okHttpClient.newCall(request);
12         //在子线程中发起网络请求
13         new Thread(new Runnable() {
14             @Override
15             public void run() {
```

```
16              call.enqueue(new Callback() {
17                  //网络请求失败时的回调
18                  @Override
19                  public void onFailure(Call call, IOException e) {
20                      HiLog.debug(LABEL, "onFailure");
21                      handler.sendEvent(EVENT_ID_FAIL);
22                  }
23
24                  //服务端成功返回时的回调
25                  @Override
26                  public void onResponse(Call call, Response response) throws IOException {
27                      //获取服务端返回的相应数据
28                      String responseStr = response.body().string();
29                      HiLog.debug(LABEL, "onResponse:" + responseStr);
30                      //将响应数据进行JSON反序列化为我们想要的业务对象
31                      ApiResult<List<Contacts>> apiResult = JSON. parseObject
                        (responseStr, new TypeReference<ApiResult<List<Contacts>>>() {
32                      });
33                      //对返回数据的code识别码进行判断
34                      if (apiResult.getCode() == ApiResult.SUCCESS) {
35                          //通过handler发送数据进行多线程间通信
36                          handler.sendEvent(InnerEvent.get(EVENT_ID_SUCC,
                            apiResult.getData()));
37                      } else {
38                          //通过handler发送数据进行多线程间通信
39                          handler.sendEvent(EVENT_ID_ERROR);
40                      }
41                  }
42              });
43          }
44      }).start();
45
46  }
```

第 3 ~ 11 行代码就是利用 OkHttp 框架设置网络请求必需的地址、端口、请求方式等关键要素，然后在子线程中通过 call.enqueue 方法发送请求，在 Callback 回调中处理服务端响应结果。

第 31 行是使用 fastjson 框架对服务端返回的 JSON 数据进行转换，转换成了 ApiResult，关于 JSON 数据转换，本书不进行详细扩展。

第 21、36、39 行代码都使用了一个 handler 对象，它是用来做多线程通信的，这里在子线程中处理完数据之后，需要在 UI 主线程中使用数据进行页面渲染或者 Toast 弹窗提示等操作。于是需要先定义一个 handler 对象，代码如下。

代码清单4-32　定义一个handler对象

```
1  //获取当前主线程的EventRunner, 用来存放事件队列
2   private EventHandler handler = new EventHandler(EventRunner.current()) {
3      protected void processEvent(InnerEvent event) {
4          super.processEvent(event);
5          if (event == null) {
6              return;
```

```
7                }
8                //根据不同的eventId，进行UI主线程的渲染
9                switch (event.eventId){
10                   case EVENT_ID_FAIL:
11                       showToast("网络异常");
12                       break;
13                   case EVENT_ID_ERROR:
14                       showToast("服务端返回数据错误");
15                       break;
16                   case EVENT_ID_SUCC:
17                       showToast("获取服务端数据成功");
18                       //更新联系人列表数据为服务端数据
19                       List<Contacts> objectValue = (List<Contacts>) event.object;
20                       list.clear();
21                       list.addAll(objectValue);
22                       contactsProvider.notifyDataChanged();
23                       break;
24                }
25           }
26       };
```

第 3 行代码的 InnerEvent 对象就是多线程间通信的数据载体，这里用到了它的两个重要属性 eventId 和 object，eventId 主要用来区分不同的业务场景，object 是用来做 UI 渲染的数据。

这里针对 eventId 事先定义了几个常量，用于业务场景选择。

```
private static final int EVENT_ID_SUCC=100;    //用于网络请求返回正确数据时子线程与UI
                                               //主线程间通信
private static final int EVENT_ID_ERROR=101;   //用于网络请求返回错误数据时子线程与UI
                                               //主线程间通信
private static final int EVENT_ID_FAIL=102;    //用于网络异常时子线程与UI主线程间通信
```

修改之前的菜单按钮触发逻辑，添加对上面定义的方法 getServerData（封装了网络请求）的调用逻辑，见代码清单 4-33。

代码清单4-33　修改之前的菜单按钮触发逻辑

```
1 @Override
2     public void onClick(Component component) {
3         switch (component.getId()) {
4             case ResourceTable.Id_image_add:     //"添加按钮"，点击事件触发
5                 showAddContactsDialog();
6                 break;
7             case ResourceTable.Id_image_menu:    //"菜单按钮"，点击事件触发
8                 //new ToastDialog(MainAbilitySlice.this).setText
                    ("菜单功能待完成").setDuration(2000).show();
9                 //在点击的菜单按钮附近弹出子菜单项，asAttachList方法代表依托受监视的
                    //组件进行弹出
10                builder.asAttachList(new String[]{"静态数据", "sqlite数据",
                                                     "服务端数据"}, null,
11                    new OnSelectListener() {
12                        @Override
13                        public void onSelect(int position, String text) {
14                            new ToastDialog(MainAbilitySlice.this).setText
```

```
                                      ("click " + text).setDuration(2000).show();
15                                    switch (position) {
16                                        case 0:
17                                            list.clear();
18                                            list.addAll(getData());
19                                            contactsProvider.notifyDataChanged();
20                                            break;
21                                        case 1:
22                                            list.clear();
23                                            list.addAll(getSqliteData());
24                                            contactsProvider.notifyDataChanged();
25                                            break;
26                                        case 2:
27                                            getServerData();
28                                            break;
29                                    }
30                                })
31                            })
32                            .show();
33                    break;
34            }
35    }
```

第 16 ~ 28 行代码就是根据不同的选择进行通讯录联系人数据的动态加载，数据加载之前都是先清空原有数据，然后加载对应的数据。在静态数据和 SQLite 数据选项中，都是在此调用 contactsProvider.notifyDataChanged() 方法进行列表数据动态刷新，因为这里的操作都是在 UI 主线程中，而在网络请求的时候不是直接在这里进行列表数据动态刷新，contactsProvider.notifyDataChanged() 方法的调用应该放入 handler 的回调代码中。

4.11   自定义第三方组件库

之前项目所有功能已经完成，其中的圆形图片是我们通过自定义一个组件来实现的，那么如果其他项目中也需要使用它怎么办呢？这时我们就需要把这个自定义组件独立封装成一个第三方库，如果其他项目需要调用该组件，只需要导入该库即可。最终为了能更方便地引用库，可以将封装好的库上传到 Maven 中心仓库，使其更方便引用。本节只讲解封装成本地库，省略了上传到 Maven 仓库的过程。

HarmonyOS 库（HarmonyOS Ability Resources，简称 HAR）可以提供应用构建所需的一切内容，包括源代码、资源文件、HarmonyOS 配置文件以及第三方库。HAR 不同于HAP，HAR 不能独立安装运行在设备上，只能作为应用模块的依赖项被引用。

HAR 包只能被 Phone、Tablet、Car、TV 和 Wearable 工程所引用。

1. 创建库模块

在 DevEco Studio 中，可以通过如下两种方法，在工程中添加新的 HarmonyOS 库模块。

方法 1：鼠标移到工程目录顶部，点击鼠标右键，选择 New > Module。

方法 2：在菜单栏选择 File > New > Module。

在 New Module 界面中，Device 选择 Phone、Tablet、Car、TV 或 Wearable 设备，Template 选择 HarmonyOS Library，然后点击 Next（见图 4-24）。

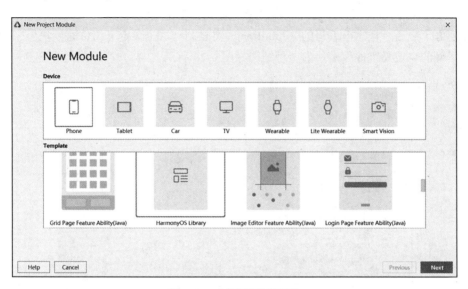

图 4-24　创建新的库模块

在 Configure the New Module 界面中，设置新添加的模块信息，设置完成后，点击 Finish 完成创建（见图 4-25）。

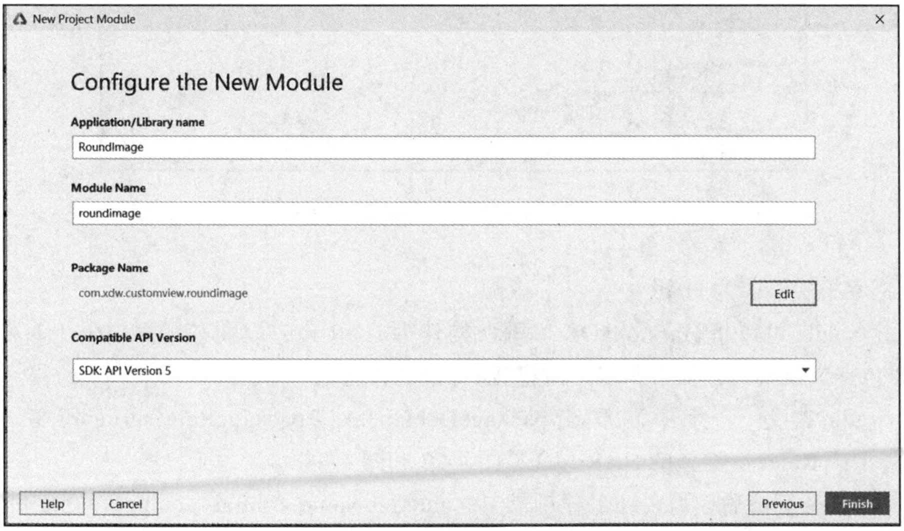

图 4-25　设置新添加的模块信息

❏ Application/Library name：新增 Module 所属的类名称。

❏ Module Name：新增模块的名称。

❏ Package Name：软件包名称，可以点击 Edit 修改默认包名称，须全局唯一。

❏ Compatible API Version：兼容的 SDK 版本。

等待 Gradle 同步完成后，会在工程目录中生成对应的库模块。

创建好了之后，把之前编写的 RoundImage 类复制到这个自定义组件库模块里来。

本案例的自定义组件库模块的项目结构如图 4-26 所示。

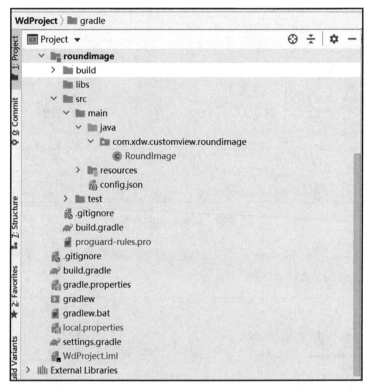

图 4-26　自定义组件库模块的项目结构图

2. 将库模块编译为 HAR

利用 Gradle 可以将 HarmonyOS 库模块构建为 HAR 包，以便在工程中引用 HAR 或者将 HAR 包提供给其他开发者调用。构建 HAR 包的方法如下。

在 Gradle 构建任务中，双击 packageDebugHar 或 packageReleaseHar 任务，构建 Debug 类型或 Release 类型的 HAR 包（见图 4-27 和图 4-28）。

待构建任务完成后，可以在工程目录中的 moduleName > build > outputs > har 目录中获取生成的 HAR 包（见图 4-29）。

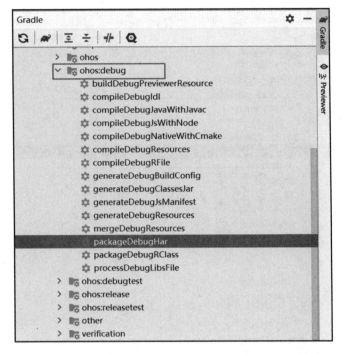

图 4-27　构建 HAR 包（1）

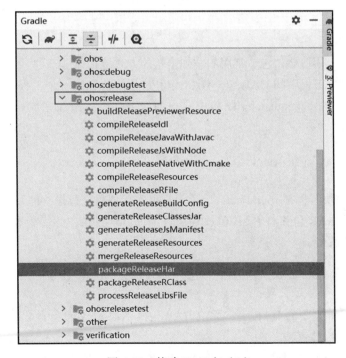

图 4-28　构建 HAR 包（2）

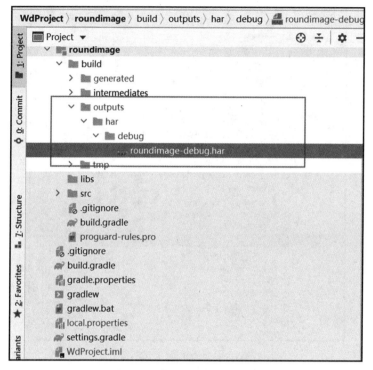

图 4-29　获取生成的 HAR 包

3. 为应用模块添加依赖

在应用模块中调用 HAR 包，常用的添加依赖的方式包括如下三种。

1）调用同一个工程中的 HAR 包：HAR 包和应用模块在同一个工程，打开应用模块的 build.gradle 文件，在 dependencies 闭包中，添加如下代码。添加完成后，点击 Sync Now 同步工程。

```
dependencies {
    implementation project(":roundimage")
}
```

本项目中的模块名称是 roundimage，读者根据实际项目进行修改即可。

2）调用本地 HAR 包：将 HAR 包放到模块下的 libs 目录，然后检查 build.gradle 中是否添加了 *.har 的依赖。

```
dependencies {
    implementation fileTree(dir: 'libs', include: ['*.jar', '*.har'])
}
```

3）调用 Maven 仓中的 HAR 包：无论 HAR 包是本地 Maven 仓还是远程 Maven 仓，均可以采用如下方式添加依赖。

在工程的 build.gradle 的 allprojects 闭包中，添加 HAR 包所在的 Maven 仓地址。如代

码清单4-34 所示。

代码清单4-34 添加HAR包所在的Maven仓地址

```
repositories {
        maven {
            url 'file://D:/01.localMaven/'    //添加Maven仓地址，可以是本地Maven地址，
                                              //也可以是远程Maven地址
        }
}
```

在应用模块的 build.gradle 的 dependencies 闭包中，添加如下代码。

```
dependencies {
    implementation 'com.xdw.customview:roundimage:1.0.1'
}
```

4.12 小结

本章通过一个通讯录的案例，进一步学习了利用 Java UI 框架开发 App 的功能，让读者对线性布局和相对布局的混合使用加深了运用。本章新学习使用了日志打印和 Toast 信息提示功能，这些功能方便用来做业务测试。同时本章重点讲解了列表组件的使用（数据渲染、数据更新、点击事件监听、长按事件监听）。本章还涉及如下知识点：通过 Java 代码实现组件的自定义，多个页面之间的跳转与数据传参，利用 SQLite 进行数据持久化操作，通过 HTTP 网络请求完成与服务端的数据交互。通过本项目案例的学习，我们已经可以利用现学知识点自行扩展编写一些常见 App 的功能了。

Chapter 5

第 5 章

实战项目三：本地通讯录（JS FA 与 Java PA 交互版本）

5.1　UI 效果图与知识点

图 5-1 和图 5-2 展示了本地通讯录效果图。

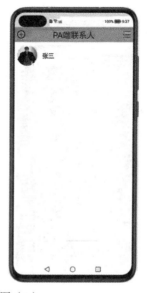

图 5-1　效果图（1）

图 5-2　效果图（2）

鸿蒙手机通讯录具体功能及要求如图 5-3 所示。

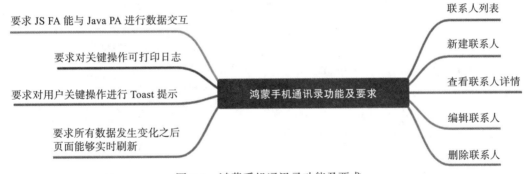

图 5-3　鸿蒙手机通讯录功能及要求

涉及知识点：

1）HarmonyOS 移动应用开发工具（DevEco Studio）的使用；

2）JS UI 组件的使用，包括 div、list、list-item、dialog、image 等组件的使用；

3）UI 布局的使用，包括 flex（弹性盒子）布局的详细使用；

4）JS 日志打印，Console 的使用；

5）各种事件监听操作与业务逻辑实现（重难点）；

6）JS 使用列表数据进行渲染与更新（重难点）；

7）JS 对话框以及自定义对话框的使用（重难点）；

8）JS FA 与 Java PA 的数据交互（重难点）；

9）通过 fetch 模块（经由 HTTP 通信）与服务端进行交互；

10）代码编程规范、设计模式（重难点）。

5.2　开发准备工作

1. 新建工程和模块

首先打开 DevEco Studio，新建一个工程，工程类型可以任意选择。然后，在工程下新建一个 Module，该 Module 选择为 JS FA 类型，具体操作如图 5-4、图 5-5 和图 5-6 所示。

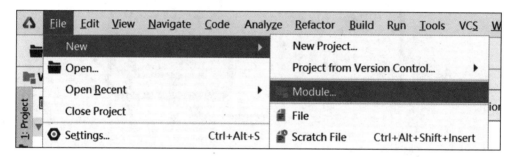

图 5-4　新建工程和模块（1）

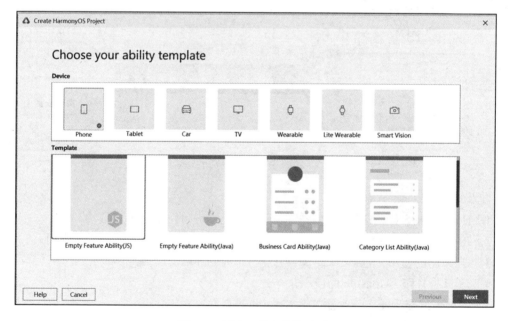

图 5-5　新建工程和模块（2）

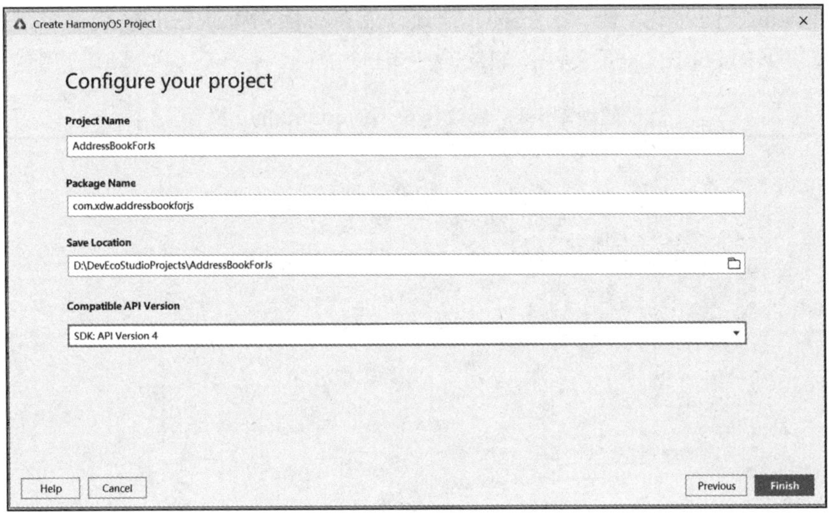

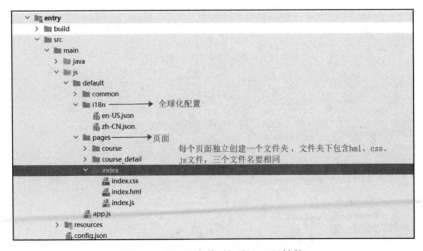

图 5-6　新建工程和模块（3）

上一章案例采用了 Java UI 开发的 App 页面，即这里所描述的 Feature Ability（简称
FA）。HarmonyOS 同时还支持 JS UI 开发 FA，这里先使用开发工具创建一个 JS FA，然后
使用 JS 语法开发一个与上一案例 UI 页面相同的通讯录 App。

2. 导入外部资源文件

下面从随书项目源码中获取相关图片资源并导入工程中，在 js/default 目录下创建文件
夹 common/image，然后将所有图片资源复制到这个 image 文件夹下。

图 5-7 是一个 JS UI 框架的项目工程结构，为了方便讲解，采用的是另外一个多页面的
项目案例截图。图 5-7 并非本案例截图，本案例中只有一个 JS UI 开发的页面。

图 5-7　JS UI 框架的项目工程结构

3. 设置桌面快捷方式、图标、名称、主题（无系统自带标题栏）等

修改模块下的 config.json 文件，如代码清单 5-1 所示。

代码清单5-1　修改模块下的config.json文件

```
 1  {
 2    "app": {
 3      "bundleName": "com.example.wdproject",
 4      "vendor": "example",
 5      "version": {
 6        "code": 1,
 7        "name": "1.0"
 8      },
 9      "apiVersion": {
10        "compatible": 4,
11        "target": 4,
12        "releaseType": "Beta1"
13      }
14    },
15    "deviceConfig": {},
16    "module": {
17      "package": "com.example.addressbookbyjs",
18      "name": ".MyApplication",
19      "deviceType": [
20        "phone"
21      ],
22      "distro": {
23        "deliveryWithInstall": true,
24        "moduleName": "addressbookbyjs",
25        "moduleType": "feature"
26      },
27      "abilities": [
28        {
29        "skills": [
30          {
31              "entities": [
32                "entity.system.home"
33              ],
34              "actions": [
35                "action.system.home"
36              ]
37          }
38        ],
39        "visible": true,
40        "name": "com.example.addressbookbyjs.MainAbility",
41        "icon": "$media:icon",
42        "description": "$string:mainability_description",
43        "label": "JS版通讯录",
44        "type": "page",
45        "launchType": "standard",
46        "metaData": {
47          "customizeData": [
48              {
49                "name": "hwc-theme",
50                "value": "androidhwext:style/Theme.Emui.Light.NoTitleBar"
```

```
51                    }
52                 ]
53              }
54           }
55        ],
56        "js": [
57           {
58           "pages": [
59              "pages/index/index"
60           ],
61           "name": "default",
62           "window": {
63              "designWidth": 720,
64              "autoDesignWidth": false
65           }
66           }
67        ]
68     }
69 }
```

第 56 ~ 67 行配置了 JS UI 开发的相关信息，pages 定义每个页面的路由信息，每个页面由页面路径和页面名组成，页面的文件名就是页面名。pages 列表中第一个页面是应用的首页，即 entry 入口。

页面文件名不能使用组件名称，比如 text.html、button.html 等。

window 用于定义与显示窗口相关的配置。对于屏幕适配问题，有以下两种配置方法：

1）指定 designWidth（屏幕逻辑宽度，在手机和智慧屏上默认为 720px，智能穿戴上默认为 454px）。所有与大小相关的样式（例如 width、font-size）均以 designWidth 和实际屏幕宽度的比例进行缩放，例如在 designWidth 为 720 时，如果设置 width 为 100px，则在实际宽度为 1440 物理像素的屏幕上，width 实际渲染像素为 200 个物理像素。

2）设置 autoDesignWidth 为 true，此时 designWidth 字段将会被忽略，渲染组件和布局时按屏幕密度进行缩放。屏幕逻辑宽度由设备宽度和屏幕密度自动计算得出，在不同设备上可能不同，应使用相对布局来适配多种设备。例如：在 466×466 分辨率、320dpi 的设备上，屏幕密度为 2（以 160dpi 为基准），这意味着 1px 等于渲染出 2 个物理像素。

5.3 联系人列表页面静态数据呈现

1. 编写联系人列表的页面和样式并初始化联系人静态数据

代码清单 5-2 给出了页面布局代码 index.html。

代码清单5-2 页面布局代码index.html

```
1  <div class="container">
2     <div class="titleBar">
3        <image src="common/image/add.png"></image>
```

```
4              <text>
5                  本地联系人
6              </text>
7              <image src="common/image/menu.png"></image>
8          </div>
9          <list>
10             <list-item for="{{contactsItems}}">
11                 <div class="contactsItem">
12                     <image if="{{$item.gender==0}}" src="common/image/man.jpg"></image>
13                     <image else src="common/image/lady.jpg"></image>
14                     <text class="name">
15                         {{$item.name}}
16                     </text>
17                 </div>
18             </list-item>
19         </list>
20     </div>
```

> **注意** 在 JS UI 开发框架中，页面的后缀名为 hml，而不是 html，它的语法结构与 html 类似，包括里面的标签名称也与 html 类似，但是 hml 标签和 html 标签完全不是一个概念，不要认为所有的 html 标签都可以在 hml 中使用。

表 5-1 给出了 hml 支持的组件。

表 5-1　hml 支持的组件

组件类型	主要组件
基础组件	text、image、progress、rating、span、marquee、image-animator、divider、search、menu、chart
容器组件	div、list、list-item、stack、swiper、tabs、tab-bar、tab-content、list-item-group、refresh、dialog
媒体组件	video
画布组件	canvas

页面样式文件 index.css 如代码清单 5-3 所示。

代码清单5-3　页面样式文件index.css

```
1   /*根容器样式，垂直布局*/
2   .container {
3       flex-direction: column;
4       justify-content: flex-start;
5   }
6
7   /*标题栏样式，水平布局，两端分布，垂直居中*/
8   .titleBar{
9       flex-direction: row;
10      justify-content: space-between;
11      align-items: center;
```

```
12          background-color: lightgray;
13
14  }
15
16  /*标题栏样式里面的图片的样式*/
17  .titleBar image{
18      width: 48px;
19      height: 48px;
20      margin: 20px;
21  }
22
23  /*标题栏样式里面的文字的样式*/
24  .titleBar text{
25      font-size: 48px;
26  }
27
28  /*联系人列表里每个item的样式*/
29  .contactsItem {
30      flex-direction: row;
31      justify-content: flex-start;
32      margin:20px;
33  }
34
35  /*联系人列表里每个item的联系人名称的样式*/
36  .name {
37      font-size: 36px;
38      margin-left: 30px;
39  }
40
41  /*联系人列表里每个item的联系人图标的样式，通过radius配合宽高将图片设置为圆形*/
42  .contactsItem image {
43      width: 120px;
44      height: 120px;
45      border-radius: 60px;
46  }
```

　　这里编写了 hml 对应的样式文件 css，使用方法也与常规 Web 开发中类似，但也不是所有 Web 开发中的 css 属性在 JS UI 框架中都支持，比如 overflow 属性就不支持。关于 JS UI 框架的各个组件具体支持哪些样式，请参阅官网。在 css 中将图片设置为圆形很简单，只需要在样式中将图片宽度和高度设置为一致，然后将 border-radius 的值设置为宽度的一半即可。

　　本步骤主要使用 flex 布局进行页面排版，然后使用 list 组件进行联系人列表的数据加载操作。

　　对应的数据处理文件 index.js 见代码清单 5-4。

代码清单5-4　数据处理文件index.js

```
1  export default {
2      data: {
3          contactsItems: []    //声明联系人数据
4      },
```

```
5        onInit() {
6            this.getStaticData();      //调用静态联系人数据
7        },
8
9        //定义生成静态联系人数据的方法,后期切换成数据库或者服务器版本,则不再调用
10       getStaticData() {
11           this.contactsItems = [
12               {
13                   name: "克里斯迪亚洛罗纳尔多",
14                   gender: 0,
15                   phone: "1111111111"
16               },
17               {
18                   name: "王霜",
19                   gender: 1,
20                   phone: "222222222"
21               },
22               {
23                   name: "梅西",
24                   gender: 0,
25                   phone: "1111111111"
26               },
27               {
28                   name: "孙雯",
29                   gender: 1,
30                   phone: "222222222"
31               },
32               {
33                   name: "莱万多夫斯基",
34                   gender: 0,
35                   phone: "1111111111"
36               },
37               {
38                   name: "玛塔",
39                   gender: 1,
40                   phone: "222222222"
41               },
42               {
43                   name: "樱木花道",
44                   gender: 0,
45                   phone: "1111111111"
46               },
47               {
48                   name: "赤木晴子",
49                   gender: 1,
50                   phone: "222222222"
51               },
52           ]
53       }
54   }
```

上述 js 文件遵循 ECMAScript 6.0 语法。

2. 生命周期知识点讲解

应用生命周期主要涉及两个函数: 应用创建时调用的 onCreate 和应用销毁时触发的

onDestroy。这两个函数在 app.js 文件中。

　　一个应用可能有多个页面，一个页面一般包括 onInit、onReady、onShow 和 onDestroy 等在页面创建、显示和销毁时会触发调用的事件。

　　❏ onInit：表示页面的数据已经准备好，可以使用 JS 文件中的数据。

　　❏ onReady：表示页面已经编译完成，可以将界面显示给用户。

　　❏ onShow：JS UI 只支持应用同时运行并展示一个页面，当打开一个页面时，上一个页面就销毁了。当显示一个页面的时候，会调用 onShow。

　　❏ onHide：页面消失时被调用。

　　❏ onDestroy：页面销毁时被调用。

应用生命周期的图解如图 5-8 所示。

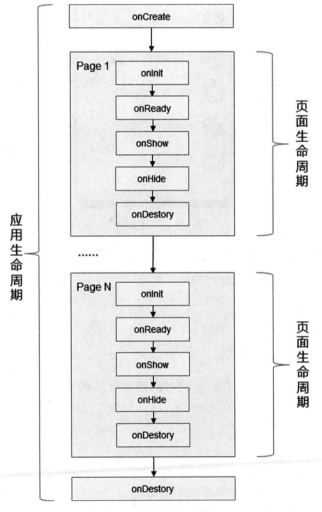

图 5-8　应用生命周期

当应用从页面 A 跳转到页面 B 时，首先调用页面 A 的 onDestroy 函数。页面 A 销毁后，依次调用页面 B 的 onInit、onReady、onShow 函数来初始化和显示页面 B。

图 5-9 展示了此步骤的运行效果图。

图 5-9　运行效果图

步骤小结：本步骤主要考察了利用 JS UI 中的组件配合 css 样式实现页面效果，同时考察了 list 组件如何配合 JS 进行数据的渲染。

思考：如何使用 list 组件构造更复杂的列表页面。

5.4　打通 FA 和 PA 数据

在上一节中我们已经实现了联系人列表静态数据的展示，下面将静态数据切换成 SQlite 数据库里的数据，我们利用 HarmonyOS 的分布式开发特性来实现。

思路：之前 Java 版本已经实现了 SQLite 数据库操作的相关接口，我们这时需要在 Java 版本中创建一个后台 Service（PA），用来提供数据服务。在该 Service 中调用之前封装的数据库接口，JS FA 通过与该 Service 进行交互，处理传参和接收返回值。这里相当于独立开发了两个 App，为了方便直接沿用之前的 Java 项目，也可以重新创建一个独立的 Java 项目，去除 Java 项目中有关 UI 的操作。

首先在上一个 Java UI 开发的项目中创建一个 Service。如果不想做多个 App 之间的交互，也可以在当前 JS 项目中创建一个 Service。操作截图见图 5-10 和图 5-11。

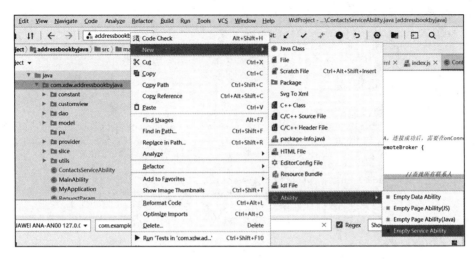

图 5-10　创建一个 Service（1）

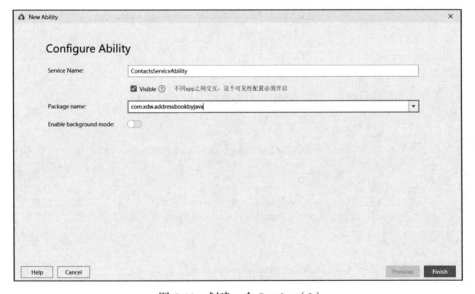

图 5-11　创建一个 Service（2）

代码清单 5-5 给出了 ContactsServiceAbility 的详细代码。

代码清单5-5　ContactsServiceAbility的详细代码

```
1   package com.xdw.addressbookbyjava;
2
3   import com.xdw.addressbookbyjava.dao.ContactsDao;
```

```
4    import com.xdw.addressbookbyjava.dao.impl.ContactsDaoImpl;
5    import ohos.aafwk.ability.Ability;
6    import ohos.aafwk.content.Intent;
7    import ohos.rpc.*;
8    import ohos.hiviewdfx.HiLog;
9    import ohos.hiviewdfx.HiLogLabel;
10   import ohos.utils.zson.ZSONObject;
11
12   import java.util.HashMap;
13   import java.util.Map;
14
15   public class ContactsServiceAbility extends Ability {
16       public static final String TAG = "ContactsServiceAbility";
17       private static final HiLogLabel LABEL_LOG = new HiLogLabel(HiLog.DEBUG, 0xD001100, TAG);
18       private ContactsDao contactsDao;    //声明数据库操作的DAO接口
19       @Override
20       public void onStart(Intent intent) {
21           HiLog.error(LABEL_LOG, "ContactsServiceAbility::onStart");
22           super.onStart(intent);
23           contactsDao = new ContactsDaoImpl();    //在服务启动的时候初始化DAO接口
24       }
25
26       @Override
27       public void onBackground() {
28           super.onBackground();
29           HiLog.info(LABEL_LOG, "ContactsServiceAbility::onBackground");
30       }
31
32       @Override
33       public void onStop() {
34           super.onStop();
35           HiLog.info(LABEL_LOG, "ContactsServiceAbility::onStop");
36       }
37
38       @Override
39       public void onCommand(Intent intent, boolean restart, int startId) {
40       }
41
42       @Override
43       public IRemoteObject onConnect(Intent intent) {
44           return remote.asObject();    //关键操作，服务连接的时候进行远程调用
45       }
46
47       @Override
48       public void onDisconnect(Intent intent) {
49       }
50
51       private MyRemote remote = new MyRemote();           //定义远程调用对象
52       //FA在请求PA服务时会调用Ability的connectAbility方法来连接PA，连接成功后，需要在
         //onConnect返回一个remote对象，供FA向PA发送消息
53       class MyRemote extends RemoteObject implements IRemoteBroker {
54           private static final int ERROR = -1;           //定义数据请求错误码
55           private static final int SUCCESS = 0;          //定义数据请求成功码
56           private static final int FIND_ALL = 1001;      //查找所有联系人
57           private static final int INSERT = 1002;        //添加联系人
```

```
58          private static final int DELETE_BYID = 1003;              //删除联系人
59          MyRemote() {
60              super("MyService_MyRemote");
61          }
62
63          @Override
64          public boolean onRemoteRequest(int code, MessageParcel data, MessageParcel
            reply, MessageOption option) {
65              switch (code) {
66                  case FIND_ALL: {
67                      //返回结果仅支持可序列化的Object类型，这里先查询数据库的数据，
                        //然后将其返回给JS UI
68                      Map<String, Object> zsonResult = new HashMap<String, Object>();
69                      zsonResult.put("code", SUCCESS);
70                      zsonResult.put("abilityResult", contactsDao.getAllContacts());
71                      reply.writeString(ZSONObject.toZSONString(zsonResult));
72                      break;
73                  }
74                  case INSERT:          //添加联系人，待完成
75                      break;
76                  case DELETE_BYID:     //删除联系人，待完成
77                      break;
78                  default: {
79                      reply.writeString("service not defined");
80                      return false;
81                  }
82              }
83              return true;
84          }
85
86          @Override
87          public IRemoteObject asObject() {
88              return this;
89          }
90      }
91  }
```

然后修改本项目的 index.js 文件代码，实现获取 PA 端数据的逻辑。

代码清单 5-6 给出了修改后的 index.js 具体代码。

代码清单5-6　修改后的index.js

```
1   import prompt from '@system.prompt';
2   const globalRef = Object.getPrototypeOf(global) || global
3
4   // 注入regeneratorRuntime
5
6   globalRef.regeneratorRuntime = require('@babel/runtime/regenerator')
7   // abilityType: 0-Ability; 1-Internal Ability
8   const ABILITY_TYPE_EXTERNAL = 0;
9   const ABILITY_TYPE_INTERNAL = 1;
10  // syncOption(Optional, default sync): 0-Sync; 1-Async
11  const ACTION_SYNC = 0;
12  const ACTION_ASYNC = 1;
```

```
13    const ACTION_MESSAGE_CODE_FIND_ALL = 1001;        //定义查询所有联系人的行为
14    const ACTION_MESSAGE_CODE_INSERT = 1002;          //定义插入联系人的行为
15    const ACTION_MESSAGE_CODE_DELETE_BYID = 1003;     //定义删除联系人的行为
16    export default {
17        data: {
18            contactsItems: []                          //声明联系人数据
19        },
20        onInit() {
21            this.getStaticData();                      //调用静态联系人数据
22        },
23        onclick() {
24            prompt.showToast({
25                message: 'Successfully confirmed'
26            });
27        },
28        findAll: async function(){
29            var actionData = {};
30            actionData.firstNum = 1024;
31            actionData.secondNum = 2048;
32
33            //定义调用PA要用到的action参数
34            var action = {};
35            action.bundleName = 'com.example.wdproject';
36            action.abilityName = 'com.xdw.addressbookbyjava.ContactsServiceAbility';
37            action.messageCode = ACTION_MESSAGE_CODE_FIND_ALL;
38            action.data = actionData;
39            action.abilityType = ABILITY_TYPE_EXTERNAL;
40            action.syncOption = ACTION_SYNC;
41
42            var result = await FeatureAbility.callAbility(action);    //调用PA
43            var ret = JSON.parse(result);
44            if (ret.code == 0) {
45                console.info('result is:' + JSON.stringify(ret.abilityResult));
46                prompt.showToast({
47                    message: 'result is:' + JSON.stringify(ret.abilityResult)
48                })
49            } else {
50                console.error('error code:' + JSON.stringify(ret.code));
51                prompt.showToast({
52                    message: 'error code:' + JSON.stringify(ret.code)
53                })
54            }
55        },
56    //定义生成静态联系人数据的方法，后期切换成数据库或者服务器版本，则不再调用
57        getStaticData() {
58            this.contactsItems = [
59                {
60                    name: "克里斯迪亚洛罗纳尔多",
61                    gender: 0,
62                    phone: "1111111111"
63                },
64                {
65                    name: "王霜",
66                    gender: 1,
67                    phone: "222222222"
```

```
68                },
69                {
70                    name: "梅西",
71                    gender: 0,
72                    phone: "1111111111"
73                },
74                {
75                    name: "孙雯",
76                    gender: 1,
77                    phone: "222222222"
78                },
79                {
80                    name: "莱万多夫斯基",
81                    gender: 0,
82                    phone: "1111111111"
83                },
84                {
85                    name: "玛塔",
86                    gender: 1,
87                    phone: "222222222"
88                },
89                {
90                    name: "樱木花道",
91                    gender: 0,
92                    phone: "1111111111"
93                },
94                {
95                    name: "赤木晴子",
96                    gender: 1,
97                    phone: "222222222"
98                },
99            ]
100       }
101 }
```

第 28 ~ 55 行定义的 findAll 函数就是用来获取 PA 端数据的逻辑，本步骤只是为了对数据获取做个测试，采用弹出消息提示的方式来展示 PA 端的数据，并不使用 PA 端的数据来重新渲染 list 列表。下面通过列表的 item 点击触发数据获取操作。在 index.hml 中，给联系人列表的 item 添加点击事件监听来调用这个 findAll 函数，需要修改的 htm 核心代码如下：

```
<div class="contactsItem" onclick="findAll">
```

> 注意　由于我们是在一个工程中创建多个模块，它们默认的 bundleName 都是一样的，因此在模拟器上安装 App 的时候只能安装其中一个。我们要想让同一个工程下的多个模块以不同的 App 安装到手机上，就需要将每个模块的 bundleName 修改为不同的名称，同时还要将默认的 entry 模块的 bundleName 修改为与当前要安装的模块的 bundleName 一致才行。

比如这里，先将 JS 版本通讯录项目的 bundleName 和工程自动创建的 entry 模块的 bundleName 统一都修改为 com.example.myproject 并进行安装，然后把 Java 版本通讯录项目的 bundleName 和 entry 的 bundleName 统一都修改为 com.example.wdproject 并进行安装。两个 App 的安装顺序无所谓。

如果要安装的模块下的 bundleName 和 entry 的 bundleName 不一致，在安装 App 的时候就会报如图 5-12 所示错误。

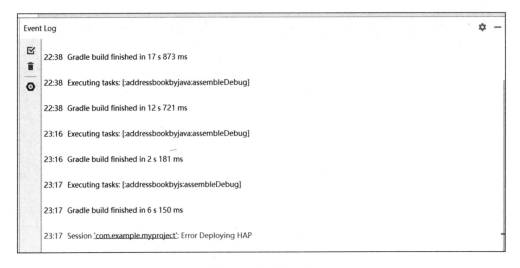

图 5-12　报错提示

待两个 App 都安装好之后，请看手机桌面截图，如图 5-13 所示。

图 5-13　手机桌面截图

下面我们可以测试一下这两个 App 之间是否能进行数据交互。

测试方法如下：

1）先打开 Java 版本通讯录，添加一条用户信息。

2）然后打开 JS 版本通讯录，点击通讯录上的一个 item，可以看到 Toast 消息提示有从 PA 端返回的数据，如图 5-14 所示。

图 5-14　测试数据交互

至此，我们就完成了两个 App 之间的数据打通，这里是没有云端服务器的，不同于传统的 HTTP 服务调用。下面我们就要利用打通的数据进行 UI 页面的更新了。

步骤小结：本步骤主要考察了如何利用 JS FA 调用 Java PA 中的数据服务。

思考：数据打通之后如何进行页面渲染呢？上面只用查询业务做了演示，其他业务是不是也可以尝试进行打通呢？

5.5　添加弹出式菜单

步骤如下：

1）首先，我们改版一下 hml 页面的内容，将标题改成动态数据控制的，并且添加 menu 菜单弹出和选择的功能。

改版后对应的 index.hml 如代码清单 5-7 所示。

代码清单5-7 改版后对应的index.hml

```
1 <div class="container">
2     <div class="titleBar">
3         <image src="common/image/add.png"></image>
4         <text>
5             {{title}}
6         </text>
7         <image id="apiMenu" src="common/image/menu.png"
         onclick="onMemuIconClick"></image>
8     </div>
9     <list>
10        <list-item for="{{contactsItems}}">
11            <div class="contactsItem" onclick="findAll">
12                <image if="{{$item.gender==0}}" src="common/image/man.jpg"></image>
13                <image else src="common/image/lady.jpg"></image>
14                <text class="name">
15                    {{$item.name}}
16                </text>
17            </div>
18        </list-item>
19    </list>
20    <menu id="apiMenu" onselected="onMenuSelected">
21        <option value="local">显示本地联系人</option>
22        <option value="pa">显示PA端联系人</option>
23        <option value="server">显示云端联系人</option>
24        <option value="otherphone">显示另一个手机上的联系人</option>
25    </menu>
26</div>
```

第 4 ~ 6 行代码就是将标题修改为动态从 js 文件中获取。第 20 ~ 25 行是添加了一个菜单项，并且编写了子菜单选择之后的事件监听，监听事件对应的函数是 onMenuSelected。

2）在 index.js 里面处理相关的数据逻辑，重点是 onMenuSelected 函数的业务实现。详见代码清单 5-8 中的函数封装调用和注释。

代码清单5-8 onMenuSelected函数的业务实现

```
1    import prompt from '@system.prompt';
2
3    const globalRef = Object.getPrototypeOf(global) || global
4
5    // 注入regeneratorRuntime
6
7    globalRef.regeneratorRuntime = require('@babel/runtime/regenerator')
8    // abilityType: 0-Ability; 1-Internal Ability
9    const ABILITY_TYPE_EXTERNAL = 0;
10   const ABILITY_TYPE_INTERNAL = 1;
11   // syncOption(Optional, default sync): 0-Sync; 1-Async
12   const ACTION_SYNC = 0;
13   const ACTION_ASYNC = 1;
14   const ACTION_MESSAGE_CODE_FIND_ALL = 1001; //定义查询所有联系人的行为
```

```
15  const ACTION_MESSAGE_CODE_INSERT = 1002; //定义插入联系人的行为
16  const ACTION_MESSAGE_CODE_DELETE_BYID = 1003; //定义删除联系人的行为
17  export default {
18      data: {
19          contactsItems: [], //声明联系人数据
20          title: "本地联系人"
21      },
22      onInit() {
23          this.getStaticData(); //调用静态联系人数据
24      },
25      onclick() {
26          prompt.showToast({
27              message: 'Successfully confirmed'
28          });
29      },
30      findAll: async function(){
31          var actionData = {};
32          actionData.firstNum = 1024;
33          actionData.secondNum = 2048;
34
35          //定义调用PA要用到的action参数
36          var action = {};
37          action.bundleName = 'com.example.wdproject';
38          action.abilityName = 'com.xdw.addressbookbyjava.ContactsServiceAbility';
39          action.messageCode = ACTION_MESSAGE_CODE_FIND_ALL;
40          action.data = actionData;
41          action.abilityType = ABILITY_TYPE_EXTERNAL;
42          action.syncOption = ACTION_SYNC;
43
44          var result = await FeatureAbility.callAbility(action); //调用PA
45          var ret = JSON.parse(result);
46          if (ret.code == 0) {
47              console.info('result is:' + JSON.stringify(ret.abilityResult));
48              prompt.showToast({
49                  message: 'result is:' + JSON.stringify(ret.abilityResult)
50              })
51          } else {
52              console.error('error code:' + JSON.stringify(ret.code));
53              prompt.showToast({
54                  message: 'error code:' + JSON.stringify(ret.code)
55              })
56          }
57      },
58
59  //菜单图标点击时调用
60      onMemuIconClick() {
61          this.$element("apiMenu").show({
62              x: 680,
63              y: 60
64          });
65      },
66
67  //菜单选择完成之后调用
68      onMenuSelected(e) {
69          switch (e.value) {
```

```
70              case "local":
71              this.getStaticData();            //更新联系人数据为本地的静态数据
72              this.title = "本地联系人";         //更新title
73              prompt.showToast({
74                  message: "成功切换为本地联系人"
75              })
76              break;
77              case "pa":
78              this.getPaData();                 //更新联系人数据为PA端数据
79              this.title = "PA端联系人";         //更新title
80              prompt.showToast({
81                  message: "成功切换为PA端联系人"
82              })
83              break;
84              case "server":
85              prompt.showToast({
86                  message: "云端功能待开发"
87              })
88              break;
89              case "0":
90              prompt.showToast({
91                  message: "显示另一个手机上的联系人功能待开发"
92              })
93              break;
94          }
95      },
96
97  //定义生成静态联系人数据的方法，后期切换成数据库或者服务器版本，则不再调用
98      getStaticData() {
99          this.contactsItems = [
100             {
101                 name: "克里斯迪亚洛罗纳尔多",
102                 gender: 0,
103                 phone: "1111111111"
104             },
105             {
106                 name: "王霜",
107                 gender: 1,
108                 phone: "222222222"
109             },
110             {
111                 name: "梅西",
112                 gender: 0,
113                 phone: "1111111111"
114             },
115             {
116                 name: "孙雯",
117                 gender: 1,
118                 phone: "222222222"
119             },
120             {
121                 name: "莱万多夫斯基",
122                 gender: 0,
123                 phone: "1111111111"
124             },
```

```
125                {
126                        name: "玛塔",
127                        gender: 1,
128                        phone: "222222222"
129                },
130                {
131                        name: "樱木花道",
132                        gender: 0,
133                        phone: "1111111111"
134                },
135                {
136                        name: "赤木晴子",
137                        gender: 1,
138                        phone: "222222222"
139                },
140            ]
141        },
142    getPaData:async function(){
143            var actionData = {};
144            actionData.firstNum = 1024;
145            actionData.secondNum = 2048;
146
147            //定义调用PA要用到的action参数
148            var action = {};
149            action.bundleName = 'com.example.wdproject';
150            action.abilityName = 'com.xdw.addressbookbyjava.ContactsServiceAbility';
151            action.messageCode = ACTION_MESSAGE_CODE_FIND_ALL;
152            action.data = actionData;
153            action.abilityType = ABILITY_TYPE_EXTERNAL;
154            action.syncOption = ACTION_SYNC;
155
156            var result = await FeatureAbility.callAbility(action); //调用PA
157            var ret = JSON.parse(result);
158            if (ret.code == 0) {
159                console.info('result is:' + JSON.stringify(ret.abilityResult));
160                this.contactsItems = ret.abilityResult; //数据请求成功后更新联系人数据
161            } else {
162                console.error('error code:' + JSON.stringify(ret.code));
163                prompt.showToast({
164                    message: 'error code:' + JSON.stringify(ret.code)
165                })
166            }
167        }
168 }
```

首先在第 142 ~ 167 行封装了一个 getPaData 函数，然后在 onMenuSelected 函数中会根据相应菜单项的选择调用此函数。

本步骤效果测试如下：

1）首先照着上一步操作先利用 Java 版本通讯录添加一条或 N 条用户数据。

2）点击 JS 版本通讯录的菜单按钮，会弹出菜单选项，如图 5-15 所示。

3）点击"显示 PA 端联系人"，观察页面结果，会切换成用 PA 端的数据进行展示，如图 5-16 所示。

图 5-15　菜单选项　　　　　　　图 5-16　用 PA 端的数据进行展示

4）点击"显示本地联系人"，观察页面结果，会切换成用本地端的数据进行展示，如图 5-17 所示。

图 5-17　用本地端的数据进行展示

步骤小结：本步骤主要考察了自定义菜单的使用，以及同一页面中内容的动态切换以及数据渲染。

思考：如何清晰地把握项目功能一步步打通的流程？

5.6　添加联系人

自定义弹出窗口并添加联系人步骤如下。

1. 在 hml 文件中添加 dialog 组件并绑定相关事件监听

完整代码如代码清单 5-9 所示。

代码清单5-9　在hml文件中添加dialog组件并绑定相关事件监听

```
1    <div class="container">
2        <div class="titleBar">
3            <image src="common/image/add.png" onclick="showDialogAddContacts"></image>
4            <text>
5                {{title}}
6            </text>
7            <image id="apiMenu" src="common/image/menu.png"
                 onclick="onMemuIconClick"></image>
8        </div>
9        <list>
10           <list-item for="{{contactsItems}}">
11               <div class="contactsItem" onclick="">
12                   <image if="{{$item.gender==0}}" src="common/image/man.jpg"></image>
13                   <image else src="common/image/lady.jpg"></image>
14                   <text class="name">
15                       {{$item.name}}
16                   </text>
17               </div>
18           </list-item>
19       </list>
20       <menu id="apiMenu" onselected="onMenuSelected">
21           <option value="local">显示本地联系人</option>
22           <option value="pa">显示PA端联系人</option>
23           <option value="server">显示云端联系人</option>
24           <option value="otherphone">显示另一个手机上的联系人</option>
25       </menu>
26       <dialog id="addContactsDialog" class="dialog-main" oncancel="cancelDialog">
27           <div class="dialog-div">
28               <text class="dialog-title">添加{{title}}</text>
29               <div class="inner-input">
30                   <text class="txt">姓名: </text>
31                   <input type="text" class="input-txt" value="{{name}}"
                       onchange="updateName"/>
32               </div>
33
34               <div class="inner-input">
35                   <text class="txt">性别: </text>
36                   <div class="input-radio-group">
```

```
37                          <input class="input" id="radio_man" type="radio"name=
                            "gender" value="0" checked="true"
                             onchange="updateGender"></input>
38                          <label class="label" target="radio_man">男</label>
39                          <input class="input" id="radio_lady" type="radio" name=
                            "gender" value="1" onchange="updateGender"></input>
40                          <label class="label" target="radio_lady">女</label>
41                      </div>
42
43                  </div>
44                  <div class="inner-input">
45                      <text class="txt">电话: </text><input type="text" class=
                        "input-txt" onchange="updatePhone"/>
46                  </div>
47
48                  <div class="inner-btn">
49                      <button type="capsule" value="取消" onclick="cancelSchedule"
                        class="btn-txt"></button>
50                      <button type="capsule" value="确认" onclick="confirmSchedule"
                        class="btn-txt"></button>
51                  </div>
52              </div>
53          </dialog>
54  </div>
```

第 26 ~ 53 行代码编写了一个自定义对话框 addContactsDialog，内部是一个输入表单的内容，样式在 css 文件中进行定义，然后在 js 文件中会编写 addContactsDialog 的显示和关闭操作。

2. 在 js 文件中定义相关业务逻辑和事件监听操作

完整代码如代码清单 5-10 所示。

代码清单5-10 在js文件中定义相关业务逻辑和事件监听操作

```
1   import prompt from '@system.prompt';
2
3   const globalRef = Object.getPrototypeOf(global) || global
4
5   // 注入regeneratorRuntime
6
7   globalRef.regeneratorRuntime = require('@babel/runtime/regenerator')
8   // abilityType: 0-Ability; 1-Internal Ability
9   const ABILITY_TYPE_EXTERNAL = 0;
10  const ABILITY_TYPE_INTERNAL = 1;
11  // syncOption(Optional, default sync): 0-Sync; 1-Async
12  const ACTION_SYNC = 0;
13  const ACTION_ASYNC = 1;
14  const ACTION_MESSAGE_CODE_FIND_ALL = 1001;     //定义查询所有联系人的行为
15  const ACTION_MESSAGE_CODE_INSERT = 1002;       //定义插入联系人的行为
16  const ACTION_MESSAGE_CODE_DELETE_BYID = 1003; //定义删除联系人的行为
17  export default {
18      data: {
19          contactsItems: [],                      //声明联系人数据
```

```
20              title: "本地联系人",
21              currentMode: "local",      //声明当前的联系人模式，local代表本地联系人，pa代表
                                           //云端联系人，server代表云端联系人
22              name: "",                  //对应输入框中的姓名
23              gender: 0,                 //对应输入框中的性别
24              phone: ""                  //对应输入框中的电话
25          },
26      onInit() {
27          this.getStaticData(); //调用静态联系人数据
28      },
29      onclick() {
30          prompt.showToast({
31              message: 'Successfully confirmed'
32          });
33      },
34      findAll: async function(){
35          var actionData = {};
36          actionData.firstNum = 1024;
37          actionData.secondNum = 2048;
38
39          //定义调用PA要用到的action参数
40          var action = {};
41          action.bundleName = 'com.example.wdproject';
42          action.abilityName = 'com.xdw.addressbookbyjava.ContactsServiceAbility';
43          action.messageCode = ACTION_MESSAGE_CODE_FIND_ALL;
44          action.data = actionData;
45          action.abilityType = ABILITY_TYPE_EXTERNAL;
46          action.syncOption = ACTION_SYNC;
47
48          var result = await FeatureAbility.callAbility(action); //调用PA
49          var ret = JSON.parse(result);
50          if (ret.code == 0) {
51              console.info('result is:' + JSON.stringify(ret.abilityResult));
52              prompt.showToast({
53                  message: 'result is:' + JSON.stringify(ret.abilityResult)
54              })
55          } else {
56              console.error('error code:' + JSON.stringify(ret.code));
57              prompt.showToast({
58                  message: 'error code:' + JSON.stringify(ret.code)
59              })
60          }
61      },
62
63  //菜单图标点击时调用
64      onMemuIconClick() {
65          this.$element("apiMenu").show({
66              x: 680,
67              y: 60
68          });
69      },
70
71  //菜单选择完成之后调用
72      onMenuSelected(e) {
```

```
73              switch (e.value) {
74                  case "local":
75                  this.getStaticData();          //更新联系人数据为本地的静态数据
76                  this.title = "本地联系人";       //更新title
77                  this.currentMode = "local";    //切换当前模式为local
78                  prompt.showToast({
79                      message: "成功切换为本地联系人"
80                  })
81                  break;
82                  case "pa":
83                  this.getPaData();              //更新联系人数据为PA端数据
84                  this.title = "PA端联系人";       //更新title
85                  this.currentMode = "pa";       //切换当前模式为pa
86                  prompt.showToast({
87                      message: "成功切换为PA端联系人"
88                  })
89                  break;
90                  case "server":
91                  prompt.showToast({
92                      message: "云端功能待开发"
93                  })
94                  break;
95                  case "0":
96                  prompt.showToast({
97                      message: "显示另一个手机上的联系人功能待开发"
98                  })
99                  break;
100             }
101         },
102
103 //定义生成静态联系人数据的方法
104     getStaticData() {
105         this.contactsItems = [
106             {
107                 name: "克里斯迪亚洛罗纳尔多",
108                 gender: 0,
109                 phone: "1111111111"
110             },
111             {
112                 name: "王霜",
113                 gender: 1,
114                 phone: "222222222"
115             },
116             {
117                 name: "梅西",
118                 gender: 0,
119                 phone: "1111111111"
120             },
121             {
122                 name: "孙雯",
123                 gender: 1,
124                 phone: "222222222"
125             },
126             {
```

```
127                    name: "莱万多夫斯基",
128                    gender: 0,
129                    phone: "1111111111"
130                },
131                {
132                    name: "玛塔",
133                    gender: 1,
134                    phone: "222222222"
135                },
136                {
137                    name: "樱木花道",
138                    gender: 0,
139                    phone: "1111111111"
140                },
141                {
142                    name: "赤木晴子",
143                    gender: 1,
144                    phone: "222222222"
145                },
146            ]
147        },
148
149  //定义对接PA端数据的方法
150      getPaData: async function(){
151          var actionData = {};
152          actionData.firstNum = 1024;
153          actionData.secondNum = 2048;
154
155          //定义调用PA要用到的action参数
156          var action = {};
157          action.bundleName = 'com.example.wdproject';
158          action.abilityName = 'com.xdw.addressbookbyjava.ContactsServiceAbility';
159          action.messageCode = ACTION_MESSAGE_CODE_FIND_ALL;
160          action.data = actionData;
161          action.abilityType = ABILITY_TYPE_EXTERNAL;
162          action.syncOption = ACTION_SYNC;
163
164          var result = await FeatureAbility.callAbility(action); //调用PA
165          var ret = JSON.parse(result);
166          if (ret.code == 0) {
167              console.info('result is:' + JSON.stringify(ret.abilityResult));
168              this.contactsItems = ret.abilityResult; //数据请求成功后更新联系人数据
169          } else {
170              console.error('error code:' + JSON.stringify(ret.code));
171              prompt.showToast({
172                  message: 'error code:' + JSON.stringify(ret.code)
173              })
174          }
175      },
176
177  //弹出添加联系人的输入表单对话框
178      showDialogAddContacts(e) {
179          this.$element('addContactsDialog').show()
180      },
```

```
181        cancelDialog(e) {
182            prompt.showToast({
183                message: 'Dialog cancelled'
184            })
185        },
186
187 //取消添加联系人的操作
188        cancelSchedule(e) {
189            this.$element('addContactsDialog').close()
190            prompt.showToast({
191                message: 'Successfully cancelled'
192            })
193        },
194
195 //确认添加联系人的操作
196        confirmSchedule(e) {
197            switch (this.currentMode) {
198                case "local":
199                var contacts = new Object()
200                contacts["name"] = this.name;
201                contacts["gender"] = this.gender;
202                contacts["phone"] = this.phone;
203                this.contactsItems.push(contacts);
204                prompt.showToast({
205                    message: '成功添加本地联系人'
206                })
207                break;
208
209                case "pa":
210                prompt.showToast({
211                    message: "'添加PA端联系人功能'请同学们自行扩展实现"
212                })
213                break;
214            }
215            this.$element('addContactsDialog').close()
216        },
217
218 //输入框输入数据时更新姓名
219        updateName(e) {
220            this.name = e.value;
221        },
222 //输入框输入数据时更新电话
223        updatePhone(e) {
224            this.phone = e.value;
225        },
226 //输入框输入数据时更新性别
227        updateGender(e) {
228            this.gender = e.value;
229        }
230 }
```

3. 编写相关组件的样式

index.css 的完整代码如代码清单 5-11 所示。

代码清单5-11　编写相关组件的样式index.css

```
1    /*根容器样式，垂直布局*/
2    .container {
3        flex-direction: column;
4        justify-content: flex-start;
5    }
6
7    /*标题栏样式，水平布局，两端分布，垂直居中*/
8    .titleBar{
9        flex-direction: row;
10       justify-content: space-between;
11       align-items: center;
12       background-color: lightgray;
13
14   }
15
16   /*标题栏样式里面图片的样式*/
17   .titleBar image{
18       width: 48px;
19       height: 48px;
20       margin: 20px;
21   }
22
23   /*标题栏样式里面文字的样式*/
24   .titleBar text{
25       font-size: 48px;
26   }
27
28   /*联系人列表里每个item的样式*/
29   .contactsItem {
30       flex-direction: row;
31       justify-content: flex-start;
32       margin:20px;
33   }
34
35   /*联系人列表里每个item的联系人名称的样式*/
36   .name {
37       font-size: 36px;
38       margin-left: 30px;
39   }
40
41   /*联系人列表里每个item的联系人图标的样式，通过radius配合宽高将图片设置为圆形*/
42   .contactsItem image {
43       width: 120px;
44       height: 120px;
45       border-radius: 60px;
46   }
47
48   .txt {
```

```
49          color: #000000;
50          font-size: 36px;
51          text-align: end;
52      }
53
54  /*联系人对话框*/
55  .dialog-div {
56          flex-direction: column;
57          align-items: center;
58      }
59
60  /*对话框标题*/
61  .dialog-title {
62          font-size: 48px;
63          font-weight: bold;
64      }
65
66  /*对话框输入表单*/
67  .inner-input {
68          width: 100%;
69          flex-direction: row;
70          align-items: center;
71          justify-content:flex-start;
72          margin-left: 50px;
73          margin-top: 30px;
74      }
75
76  /*对话框输入表单内的文本*/
77  .input-txt{
78          width: 400px;
79      }
80
81  /*对话框输入表单内的单选按钮*/
82  .input-radio-group{
83          flex-direction: row;
84          width: 400px;
85      }
86
87  /*对话框内的按钮*/
88  .inner-btn {
89          width: 400px;
90          height: 120px;
91          justify-content: space-around;
92          align-items: center;
93      }
```

本步骤效果测试如下：

1）点击添加联系人按钮，会弹出一个输入联系人信息的文本框，如图 5-18 所示。

2）输入要添加的联系人信息，如图 5-19 所示。

3）查看本地联系人是否更新并显示新添加的联系人，如图 5-20 所示。

图 5-18 输入联系人信息

图 5-19 添加的联系人信息

图 5-20 更新并显示新添加的联系人

步骤小结：本步骤主要考察自定义弹出菜单功能的使用，同时代入本地联系人数据更新的逻辑，还加入了同一个表单针对"添加本地联系人"和"添加 PA 端联系人"的逻辑选择进行 UI 页面的不同渲染。

思考：如何利用同一个弹出框表单来添加 PA 端数据呢？之前的案例已经编写好了 PA 端数据接口，并且做了 FA 和 PA 的数据打通，这里只需要添加简单的业务代码即可实现，动手试试吧。

5.7 删除联系人

长按联系人列表并弹框提醒删除联系人设计步骤如下：

1）首先添加联系人列表 item 长按事件，前期通过 Log 或者 Toast 进行测试即可。在 index.js 中定义事件，如代码清单 5-12 所示。

代码清单5-12   在index.js中定义事件

```
1   //定义联系人列表item长按事件，弹出是否删除联系人的对话框
2   onItemLongPress(itemIndex){
3       prompt.showToast({
4           message: 'itemIndex='+itemIndex
5       })
6
7   }
```

在 index.hml 中绑定长按事件，代码如下：

```
<list-item for="{{contactsItems}}" onlongpress="onItemLongPress($idx)">
```

此时长按联系人 item，会进行 Toast 弹窗提示 itemIndex 的值。

2）在长按事件的函数代码中添加系统自带弹窗，并且在选择确认后删除联系人。

代码清单 5-13 给出了修改后的 index.js 核心代码。

代码清单5-13   修改后的index.js

```
1    //定义联系人列表item长按事件，弹出是否删除联系人的对话框
2    onItemLongPress(itemIndex){
3     /*  prompt.showToast({
4           message: 'itemIndex='+itemIndex
5       })*/
6     prompt.showDialog({
7           //title: 'Title Info',
8           message: '确认删除该联系人吗？',
9           buttons: [
10              {
11                  text: '取消',
12                  color: '#666666',
13              },
14              {
15                  text: '确认',
16                  color: '#666666',
17              },
18          ],
```

```
19            success: data =>{
20                console.info('dialog success callback, click button : ' + data.index);
21                if(data.index==1){   //==1代表选择了确认按钮，开始调用删除联系人的业务
22                    if(this.currentMode=="local"){   //对当前联系人模式进行判断
23                        console.info('this c : ' + this.contactsItems.splice(itemIndex,1));
24                    }
25
26                }
27            },
28            cancel: function() {
29                console.info('dialog cancel callback');
30            },
31        });
32    }
```

本步骤效果测试如下：

1）长按联系人列表的某个 item，会弹出是否确认删除联系人对话框。

2）点击"取消"按钮、空白处或者系统返回键，则弹框消失，数据不会发生任何变化。

3）点击"确认"按钮，则弹框消失，联系人数据更新，如图 5-22 所示。

图 5-21　确认删除对话框　　　　　图 5-22　联系人数据更新

步骤小结：主要考察了 list-item 的长按事件、传参以及系统自带弹窗的使用。

思考：这里只演示了本地联系人的删除操作，请动手尝试 PA 端联系人的删除。

5.8　通过 HTTP 网络通信与服务端交互（JS）

之前在 4.10 节中已经讲解过采用 Java 进行 HTTP 网络开发的案例了，这里的项目案例是采用 JS UI 进行开发的，之前已经定义了一个菜单项"获取云端数据"，但是并未实现其功能。下面我们来实现 JS 通过 HTTP 网络请求获取服务端数据。服务端接口依然采用 4.10 节中的，只是代码编写方式由 Java 切换成了 JS。

1. 权限开通

首先也是开通其网络访问权限，在 config.json 的 module 元素下添加代码清单 5-14 中的代码。

代码清单5-14　开通其网络访问权限

```
"reqPermissions": [
  {
    "name": "ohos.permission.INTERNET"
  }
],
```

此时开通的网络请求是只支持 HTTPS，而现在需要使用 HTTP，因此还要进行代码清单 5-15 所示的配置。

代码清单5-15　配置HTTP

```
"deviceConfig": {
  "default": {
    "network": {
      "cleartextTraffic": true
    }
  }
},
```

2. 导入 fetch 模块

JS 开发中获取网络请求主要依靠 SDK 中的 fetch 模块。

在 index.js 文件中导入 fetch 模块：

```
import fetch from '@system.fetch';
```

3. 网络请求核心 API 讲解：fetch.fetch(OBJECT)

表 5-2 给出了参数表及其解释。

表 5-2　参数表及其解释

参数名	类型	必填	说明
url	string	是	资源地址
data	string | Object	否	请求的参数，可选类型是字符串或者 json 对象
header	Object	否	设置请求的 header

（续）

参数名	类型	必填	说明
method	string	否	请求方法默认为 GET，可选值为：OPTIONS、GET、HEAD、POST、PUT、DELETE、TRACE
credentials	string	否	HTTPS 请求 CA 证书
responseType	string	否	默认会根据服务器返回 header 中的 Content-Type 确定返回类型，支持文本和 json 格式。详见后文的 success 返回值
success	Function	否	接口调用成功的回调函数
fail	Function	否	接口调用失败的回调函数
complete	Function	否	接口调用结束的回调函数

表 5-3 给出了 data 与 Content-Type 之间的关系。

表 5-3　data 与 Content-Type 之间的关系

data	Content-Type	说明
string	不设置	Content-Type 默认为 text/plain，data 值作为请求的 body
string	任意 Type	data 值作为请求的 body
Object	不设置	Content-Type 默认为 application/x-www-form-urlencoded，data 按照资源地址规则进行 encode 拼接作为请求的 body
Object	application/x-www-form-urlencoded	data 按照资源地址规则进行 encode 拼接作为请求的 body

表 5-4 给出了 success 返回值。

表 5-4　success 返回值

参数名	类型	说明
code	number	表示服务器的状态 code
data	string | Object	返回数据类型由 responseType 确定，详见表 5-5
headers	Object	表示服务器响应的所有 header

表 5-5 给出了 responseType 与 success 中的 data 之间的关系。

表 5-5　responseType 与 success 中的 data 之间的关系

responseType	data	说明
无	string	服务器返回的 header 中的 type 如果是 text/* 或 application/json、application/javascript、application/xml，则值为文本内容
text	string	返回文本内容
json	Object	返回 json 格式的对象

4. 编写业务逻辑实现

首先定义一个获取服务端数据的函数，如代码清单 5-16 所示。

代码清单5-16 定义一个获取服务端数据的函数

```
//定义一个获取服务端数据的函数
getServerData() {
    var that = this; //这一步很关键，因为在后面的回调中this会发生变化，为了方便引用之
                     //前的this获取数据，这里创建一个变量来保存之前的this引用
    this.title = "云端联系人";
    that.contactsItems = [];
    fetch.fetch({
        url: this.server_url,
        success: function (response) {
            console.info("fetch success");
            console.info("response:" + JSON.stringify(response));
            that.contactsItems = JSON.parse(response.data).data;
        },
        fail: function () {
            console.info("fetch fail");
        }
    });
}
```

修改之前菜单中点击事件的业务逻辑，在点击"云端联系人"时调用 getServerData 函数，如代码清单 5-17 所示。

代码清单5-17 修改之前菜单中点击事件的业务逻辑

```
//菜单选择完成之后调用
onMenuSelected(e) {
    switch (e.value) {
        case "local":
            this.getStaticData();          //更新联系人数据为本地的静态数据
            this.title = "本地联系人";      //更新title
            this.currentMode = "local";    //切换当前模式为local
            prompt.showToast({
                message: "成功切换为本地联系人"
            })
            break;
        case "pa":
            this.getPaData();              //更新联系人数据为PA端数据
            this.title = "PA端联系人";      //更新title
            this.currentMode = "pa";       //切换当前模式为pa
            prompt.showToast({
                message: "成功切换为PA端联系人"
            })
            break;
        case "server":
            prompt.showToast({
                message: "云端功能待开发"
            });
            this.getServerData();
            break;
```

```
        case "0":
            prompt.showToast({
                message: "显示另一个手机上的联系人功能待开发"
            })
            break;
    }
},
```

5.9　小结

本章通过一个通讯录的案例，学习了如何利用 JS UI 框架开发 App 的功能，讲解了 hml、css 和 js 文件的编写，并且着重讲解了 JS 开发的 FA 如何与 Java 开发的 PA 之间进行数据的交互，以及如何通过 fetch 模块与服务端进行 HTTP 网络交互。

Chapter 6 第6章

实战项目四：自定义相册 (Java)

6.1 UI 效果图与知识点

图 6-1 展示了相册 UI 效果图。

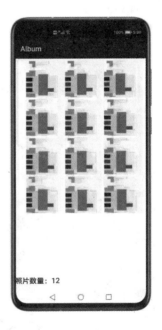

图 6-1 UI 效果图

涉及知识点：

1）HarmonyOS 移动应用开发工具（DevEco Studio）的使用；

2）UI 组件的使用，包括 Text、TableLayout、Image、ScrollView；

3）UI 布局的使用，包括 DirectionalLayout、DependentLayout；

4）日志打印，HiLog 的使用；

5）动态权限申请（重难点）；

6）DataAbilityHelper 访问共享数据（重难点）；

7）用 Java 代码动态添加组件（重点）；

8）代码编程规范、设计模式（重难点）。

6.2　开发准备工作

1. 新建工程和模块

首先打开 DevEco Studio，新建一个工程，工程类型可以任意选择。然后，在工程下新建一个 Module，该 Module 选择为 Java FA 类型，具体操作如图 6-2、图 6-3 和图 6-4 所示。

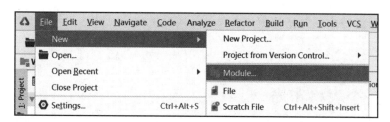

图 6-2　新建一个工程（1）

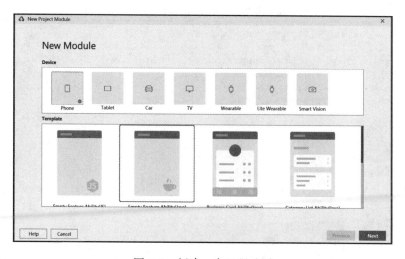

图 6-3　新建一个工程（2）

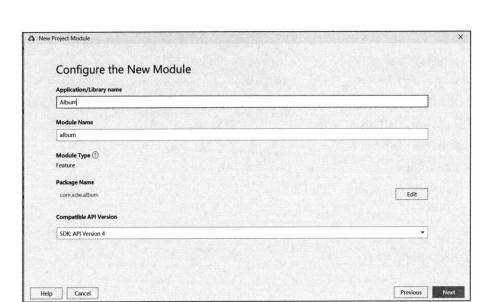

图 6-4　新建一个工程（3）

2. 导入外部资源文件

从随书项目源码中获取相关图片资源并导入到工程中，直接将所有图片复制到 media
目录下即可。

6.3　添加一个表格布局

代码清单 6-1 给出了布局文件 ability_main.xml 的代码。

代码清单6-1　布局文件ability_main.xml

```
1    <?xml version="1.0" encoding="utf-8"?>
2    <DirectionalLayout
3        xmlns:ohos="http://schemas.huawei.com/res/ohos"
4        ohos:height="match_parent"
5        ohos:width="match_parent"
6        ohos:orientation="vertical">
7
8        <Text
9            ohos:id="$+id:text_loading"
10           ohos:height="match_parent"
11           ohos:width="match_parent"
12           ohos:text="正在打开..."
13           ohos:text_alignment="center"
14           ohos:text_size="45fp"></Text>
15
16       <ScrollView
17           ohos:height="600vp"
18           ohos:width="match_parent"
```

```
19              ohos:left_padding="25vp"
20              >
21
22          <TableLayout
23              ohos:id="$+id:tl_album"
24              ohos:height="match_content"
25              ohos:width="match_parent"
26              >
27
28          </TableLayout>
29      </ScrollView>
30
31      <Text
32          ohos:id="$+id:text_num"
33          ohos:height="match_content"
34          ohos:width="match_content"
35          ohos:text_alignment="center"
36          ohos:text_size="20fp"></Text>
37
38  </DirectionalLayout>
```

第 22 ～ 28 行代码添加了一个表格布局，并且将其嵌套在 ScrollView 组件中。
ScrollView 是一种带滚动功能的组件，它采用滑动的方式在有限的区域内显示更多的内容。

6.4　动态权限申请

1. 权限开发概述

由于系统通过沙盒机制管理各个应用，因此，在默认规则下，应用只能访问有限的系
统资源。但应用为了扩展功能，需要访问自身沙盒之外的系统或其他应用的数据（包括用户
个人数据）或能力；系统或应用也必须以明确的方式对外提供接口来共享其数据或能力。为
了保证这些数据或能力不会被不当或恶意使用，就需要有一种访问控制机制来保护，这就
是应用权限。

应用权限是程序访问操作某种对象的许可。在应用层面要求明确定义权限且经用户授
权，以便系统化地规范各类应用的行为准则与权限许可。应用在使用对应服务的能力或数
据时，需要申请对应权限。当应用调用服务时，服务会对应用进行权限检查，如果没有对
应权限则无法使用该服务。

已在 config.json 文件中声明的非敏感权限，会在应用安装时自动授予，该类权限的授
权方式为系统授权（system_grant）。

敏感权限需要应用动态申请，通过运行时发送弹窗的方式请求用户授权，该类权限的
授权方式为用户授权（user_grant）。

非敏感权限不涉及用户的敏感数据或危险操作，仅需要在 config.json 中声明，应用安
装后即被授权。表 6-1 是系统自带的非敏感权限说明。

表 6-1　系统自带的非敏感权限说明

权限名	说明
ohos.permission.GET_NETWORK_INFO	允许应用获取数据网络信息
ohos.permission.GET_WIFI_INFO	允许获取 WLAN 信息
ohos.permission.USE_BLUETOOTH	允许应用查看蓝牙的配置
ohos.permission.DISCOVER_BLUETOOTH	允许应用配置本地蓝牙，并允许其查找远端设备且与之配对连接
ohos.permission.SET_NETWORK_INFO	允许应用控制数据网络
ohos.permission.SET_WIFI_INFO	允许配置 WLAN 设备
ohos.permission.SPREAD_STATUS_BAR	允许应用以缩略图方式呈现在状态栏
ohos.permission.INTERNET	允许使用网络 Socket
ohos.permission.MODIFY_AUDIO_SETTINGS	允许应用修改音频设置
ohos.permission.RECEIVER_STARTUP_COMPLETED	允许应用接收设备启动并完成广播
ohos.permission.RUNNING_LOCK	允许申请休眠运行锁，并执行相关操作
ohos.permission.ACCESS_BIOMETRIC	允许应用使用生物识别能力进行身份认证
ohos.permission.RCV_NFC_TRANSACTION_EVENT	允许应用接收卡模拟交易事件
ohos.permission.COMMONEVENT_STICKY	允许发布黏性公共事件的权限
ohos.permission.SYSTEM_FLOAT_WINDOW	提供显示悬浮窗的能力
ohos.permission.VIBRATE	允许应用程序使用马达
ohos.permission.USE_TRUSTCIRCLE_MANAGER	允许调用设备间认证能力
ohos.permission.USE_WHOLE_SCREEN	允许通知携带一个全屏 IntentAgent
ohos.permission.SET_WALLPAPER	允许设置静态壁纸
ohos.permission.SET_WALLPAPER_DIMENSION	允许设置壁纸尺寸
ohos.permission.REARRANGE_MISSIONS	允许调整任务栈
ohos.permission.CLEAN_BACKGROUND_PROCESSES	允许根据包名清理相关后台进程
ohos.permission.KEEP_BACKGROUND_RUNNING	允许 Service Ability 在后台继续运行
ohos.permission.GET_BUNDLE_INFO	允许查询其他应用的信息
ohos.permission.ACCELEROMETER	允许应用读取加速度传感器的数据
ohos.permission.GYROSCOPE	允许应用读取陀螺仪传感器的数据
ohos.permission.MULTIMODAL_INTERACTIVE	允许应用订阅语音或手势事件
ohos.permission.radio.ACCESS_FM_AM	允许用户获取收音机相关服务
ohos.permission.NFC_TAG	允许应用读写 Tag 卡片
ohos.permission.NFC_CARD_EMULATION	允许应用实现卡模拟功能
ohos.permission.DISTRIBUTED_DEVICE_STATE_CHANGE	允许获取分布式组网内设备的状态变化
ohos.permission.GET_DISTRIBUTED_DEVICE_INFO	允许获取分布式组网内的设备列表和设备信息

　　敏感权限是指涉及访问个人数据（如照片、通讯录、日历、本机号码、短信等）和操作敏感能力（如相机、麦克风、拨打电话、发送短信等）的权限，需要提示用户进行授权确认之后方可进行后续数据和能力的获取。敏感权限的申请需要按照动态申请流程向用户申请授权。

　　表 6-2 是系统的敏感权限说明列表。

表 6-2　系统的敏感权限说明列表

权限分类名称	权限名	说明
位置	ohos.permission.LOCATION	允许应用在前台运行时获取位置信息。如果应用在后台运行时也要获取位置信息，则需要同时申请 ohos.permission.LOCATION_IN_BACKGROUND 权限
	ohos.permission.LOCATION_IN_BACK-GROUND	允许应用在后台运行时获取位置信息，需要同时申请 ohos.permission.LOCATION 权限
相机	ohos.permission.CAMERA	允许应用使用相机拍摄照片和录制视频
麦克风	ohos.permission.MICROPHONE	允许应用使用麦克风进行录音
日历	ohos.permission.READ_CALENDAR	允许应用读取日历信息
	ohos.permission.WRITE_CALENDAR	允许应用在设备上添加、移除或修改日历活动
健身运动	ohos.permission.ACTIVITY_MOTION	允许应用读取用户当前的运动状态
健康	ohos.permission.READ_HEALTH_DATA	允许应用读取用户的健康数据
分布式数据管理	ohos.permission.DISTRIBUTED_DATASYNC	允许不同设备间的数据交换
	ohos.permission.DISTRIBUTED_DATA	允许应用使用分布式数据的能力
媒体	ohos.permission.MEDIA_LOCATION	允许应用访问用户媒体文件中的地理位置信息
	ohos.permission.READ_MEDIA	允许应用读取用户外部存储中的媒体文件信息
	ohos.permission.WRITE_MEDIA	允许应用读写用户外部存储中的媒体文件信息

　　受限开放的权限通常是不允许第三方应用申请的。如果有特殊场景需要使用，则应提供相关申请材料到应用市场申请相应权限证书。如果应用未申请相应的权限证书，却试图在 config.json 文件中声明此类权限，则会导致应用安装失败。另外，由于此类权限涉及用户敏感数据或危险操作，当应用申请到权限证书后，还需要按照动态申请权限的流程向用户申请授权。

　　表 6-3 是系统的受限开放的权限说明列表。

表 6-3　系统的受限开放的权限说明列表

权限分类名称	典型场景	权限名	说明
通讯录	社交、通讯、备份和恢复用户信息、电话拦截等	ohos.permission.READ_CONTACTS	允许应用读取联系人数据
	通讯、备份和恢复用户信息等	ohos.permission.WRITE_CONTACTS	允许应用添加、移除和更改联系人数据

2. 动态权限申请开发

本案例会读取手机照片的数据，属于敏感权限，必须进行动态申请以提示用户授权确认。下面主要讲解的就是如何对系统自带的敏感权限进行动态申请的操作流程。

这里加载系统相册中的数据，需要使用 ohos.permission.READ_USER_STORAGE 权限，该权限需要进行动态申请，在 App 中进行相关调用的时候会自动弹出权限申请确认框，由用户自行决定是否授权。

首先在 config.json 的 module 中添加代码清单 6-2 所示的配置。

代码清单6-2　在config.json的module中添加如下配置

```
1      "reqPermissions": [
2        {
3          "name": "ohos.permission.READ_USER_STORAGE",
4          "reason": "$string:permreason_storage",
5          "usedScene":
6          {
7            "ability": ["com.xdw.album.MainAbility"],
8            "when": "always"
9          }
10       }
11     ]
```

权限申请格式采用数组格式，可支持同时申请多个权限，权限个数最多不能超过 1024 个。

reqPermissions 权限申请字段说明如表 6-4 所示。

表 6-4　reqPermissions 权限申请字段说明

键	值说明	类型	取值范围	默认值	规则约束
name	必须，填写需要使用的权限名称	字符串	自定义	无	未填写时，解析失败
reason	可选，当申请的权限为 user_grant 权限时此字段必填描述申请权限的原因	字符串	显示文字长度不能超过 256 字节	空	user_grant 权限必填，否则不允许在应用市场上架须做多语种适配

（续）

键	值说明	类型	取值范围	默认值	规则约束
usedScene	可选，当申请的权限为 user_grant 权限时此字段必填描述权限使用的场景和时机场景类型有 ability、when（调用时机）。可配置多个 ability	ability：字符串数组 when：字符串	ability：ability 的名称 when：inuse（使用时）、always（始终）	ability：空 when：inuse	user_grant 权限必填 ability，可选填 when

然后修改 MainAbilitySlice 代码，在需要调用权限校验的时候调用申请校验权限的逻辑，比如该项目是在 onStart 的时候就进行校验，见代码清单 6-3。

代码清单6-3　修改MainAbilitySlice代码

```
1    if (verifySelfPermission("ohos.permission.READ_USER_STORAGE") !=
IBundleManager.PERMISSION_GRANTED) {
2            //应用未被授予权限
3            if (canRequestPermission("ohos.permission.READ_USER_STORAGE")) {
4                //是否可以申请弹框授权（首次申请或者用户未选择"禁止且不再提示"）
5                requestPermissionsFromUser(
6                        new String[] { "ohos.permission.READ_USER_STORAGE" } ,
                    MY_PERMISSIONS_REQUEST_READ_USER_STORAGE);
7            } else {
8                //显示应用需要权限的理由，提示用户进入设置授权
9                new ToastDialog(getContext()).setText("请进入系统设置进行授权").show();
10           }
11      } else {
12          //权限已被授予
13          //加载显示系统相册中的照片
14          showPhotos();
15      }
```

这段代码还用到了一个自定义的常量 MY_PERMISSIONS_REQUEST_READ_USER_STORAGE，需要提前定义它，代码如下：

```
public static final int MY_PERMISSIONS_REQUEST_READ_USER_STORAGE = 0;
//自定义的一个权限请求识别码，用于处理权限回调
```

第一行首先调用系统方法 verifySelfPermission，校验权限是否已被授予，如果未授予则调用系统方法 canRequestPermission，查询该权限是否可以申请弹框授权，因为如果用户之前勾选了禁止授权并且禁止后续再弹框提示，那么就不能再进行弹框授权了，此时需要 Toast 提示来引导用户自行在系统设置中手动更改权限。如果可以申请弹框授权，则调用系统方法 requestPermissionsFromUser 进行弹框授权（应用上的弹框就是来自这个方法）。如果之前应用已经被授权，则直接调用业务处理方法。这里自定义的业务处理方法是 showPhotos，它的代码请见后面的完整 MainAbilitySlice 代码。

此时还缺少一个在授权弹框上点击允许授权按钮之后的回调业务逻辑处理，该回调业务逻辑需要重写 onRequestPermissionsFromUserResult 方法，而该方法是 Ability 类的方法，而不是 AbilitySlice 类的方法。因此需要在 MainAbility 中重写该方法，然后在该重写方法中调用 MainAbilitySlice 对象中的 showPhotos 方法，这个就涉及了 MainAbility 与 MainAbilitySlice 的通信。

在 MainAbility 中定义一个 MainAbilitySlice 的对象实例，并且添加 getter 和 setter 方法，然后在 MainAbilitySlice 的 onStart 方法中将 MainAbilitySlice 的引用传递给 MainAbility。系统 SDK 提供了 getAbility 方法，可以使其在 MainAbilitySlice 中直接获取 MainAbility 的引用。这里核心调用代码如下：

```
MainAbility mainAbility = (MainAbility) getAbility();
mainAbility.setMainAbilitySlice(this);
```

下面附上完整的 MainAbility 和 MainAbilitySlice 的代码。

代码清单 6-4 给出了 MainAbility 的完整代码。

代码清单6-4　MainAbility的完整代码

```
1    package com.xdw.album;
2
3    import com.xdw.album.slice.MainAbilitySlice;
4    import ohos.aafwk.ability.Ability;
5    import ohos.aafwk.content.Intent;
6    import ohos.agp.window.dialog.ToastDialog;
7    import ohos.bundle.IBundleManager;
8
9    import static com.xdw.album.slice.MainAbilitySlice.MY_PERMISSIONS_REQUEST_
     READ_USER_STORAGE;
10
11   public class MainAbility extends Ability {
12       private MainAbilitySlice mainAbilitySlice;
13       @Override
14       public void onStart(Intent intent) {
15           super.onStart(intent);
16           super.setMainRoute(MainAbilitySlice.class.getName());
17       }
18
19       @Override
20       public void onRequestPermissionsFromUserResult(int requestCode,
         String[] permissions, int[] grantResults) {
21           super.onRequestPermissionsFromUserResult(requestCode, permissions, grantResults);
22           switch (requestCode) {
23               case MY_PERMISSIONS_REQUEST_READ_USER_STORAGE: {
24                   // 匹配requestPermissions的requestCode
25                   if (grantResults.length > 0
26                           && grantResults[0] == IBundleManager.PERMISSION_GRANTED) {
27                       // 权限被授予之后做相应业务逻辑的处理
28                       mainAbilitySlice.showPhotos();
29                   } else {
30                       // 权限被拒绝
31                       new ToastDialog(getContext()).setText("权限被拒绝").show();
```

```
32                }
33                return;
34             }
35          }
36       }
37
38
39       public MainAbilitySlice getMainAbilitySlice() {
40          return mainAbilitySlice;
41       }
42
43       public void setMainAbilitySlice(MainAbilitySlice mainAbilitySlice) {
44          this.mainAbilitySlice = mainAbilitySlice;
45       }
46    }
```

MainAbilitySlice 的完整代码如代码清单 6-5 所示。

代码清单6-5　MainAbilitySlice的完整代码

```
1    package com.xdw.album.slice;
2
3    import com.xdw.album.MainAbility;
4    import com.xdw.album.ResourceTable;
5    import ohos.aafwk.ability.AbilitySlice;
6    import ohos.aafwk.ability.DataAbilityHelper;
7    import ohos.aafwk.ability.DataAbilityRemoteException;
8    import ohos.aafwk.content.Intent;
9    import ohos.agp.components.Component;
10   import ohos.agp.components.Image;
11   import ohos.agp.components.TableLayout;
12   import ohos.agp.components.Text;
13   import ohos.agp.window.dialog.ToastDialog;
14   import ohos.bundle.IBundleManager;
15   import ohos.data.resultset.ResultSet;
16   import ohos.hiviewdfx.HiLog;
17   import ohos.hiviewdfx.HiLogLabel;
18   import ohos.media.image.ImageSource;
19   import ohos.media.image.PixelMap;
20   import ohos.media.image.common.Size;
21   import ohos.media.photokit.metadata.AVStorage;
22   import ohos.utils.net.Uri;
23
24   import java.io.FileDescriptor;
25   import java.io.FileNotFoundException;
26   import java.util.ArrayList;
27
28   public class MainAbilitySlice extends AbilitySlice {
29      private static final String TAG = "MainAbilitySlice";
30      private static final HiLogLabel LABEL = new HiLogLabel(HiLog.DEBUG, 0, "TAG");
31      public static final int MY_PERMISSIONS_REQUEST_READ_USER_STORAGE = 0;
            //自定义的一个权限请求识别码，用于处理权限回调
32      private TableLayout tlAlbum;              //定义表格布局，用来加载图片控件
33      private Text textLoading, textNum;   //定义"正在加载"文本，照片数量显示文本
34
```

```
35          @Override
36          public void onStart(Intent intent) {
37              super.onStart(intent);
38              super.setUIContent(ResourceTable.Layout_ability_main);
39              MainAbility mainAbility = (MainAbility) getAbility();
40              mainAbility.setMainAbilitySlice(this);
41              initView();
42              if (verifySelfPermission("ohos.permission.READ_USER_STORAGE") !=
                    IBundleManager.PERMISSION_GRANTED) {
43                  //应用未被授予权限
44                  if (canRequestPermission("ohos.permission.READ_USER_STORAGE")) {
45                      //是否可以申请弹框授权(首次申请或者用户未选择"禁止且不再提示")
46                      requestPermissionsFromUser(
47                          new String[] { "ohos.permission.READ_USER_STORAGE" },
                                MY_PERMISSIONS_REQUEST_READ_USER_STORAGE);
48                  } else {
49                      //显示应用需要权限的理由，提示用户进入设置授权
50                      new ToastDialog(getContext()).setText("请进入系统设置进行授权").show();
51                  }
52              } else {
53                  //权限已被授予
54                  //加载显示系统相册中的照片
55                  showPhotos();
56              }
57          }
58
59          @Override
60          public void onActive() {
61              super.onActive();
62          }
63
64          @Override
65          public void onForeground(Intent intent) {
66              super.onForeground(intent);
67          }
68
69          private void initView() {
70              //初始化相关UI组件
71              tlAlbum = (TableLayout) findComponentById(ResourceTable.Id_tl_album);
72              tlAlbum.setColumnCount(3);    //表格设置成3列
73              textLoading = (Text) findComponentById(ResourceTable.Id_text_loading);
74              textNum = (Text) findComponentById(ResourceTable.Id_text_num);
75          }
76
77          //定义加载显示图片的方法
78          public void showPhotos() {
79              //先移除之前的表格布局中的所有组件
80              tlAlbum.removeAllComponents();
81              //定义一个数组，用来存放图片的id，它的size就是照片数量
82              ArrayList<Integer> img_ids = new ArrayList<Integer>();
83              //初始化DataAbilityHelper，用来获取系统共享数据
84              DataAbilityHelper helper = DataAbilityHelper.creator(getContext());
85              try {
86                  //读取系统相册的数据
```

```
87          ResultSet result = helper.query(AVStorage.Images.Media.
            EXTERNAL_DATA_ABILITY_URI, null, null);
88          //根据获取的数据确定"正在加载"提示是否显示
89          if (result == null) {
90              textLoading.setVisibility(Component.VISIBLE);
91          } else {
92              textLoading.setVisibility(Component.HIDE);
93          }
94          //遍历获取的数据，动态加载表格布局中的图片组件
95          while (result != null && result.goToNextRow()) {
96              //从获取的数据中读取图片的id
97              int mediaId = result.getInt(result.getColumnIndexForName
                (AVStorage.Images.Media.ID));
98              //生成uri，后面会根据uri获取文件
99              Uri uri = Uri.appendEncodedPathToUri(AVStorage.Images.Media.
                EXTERNAL_DATA_ABILITY_URI, "" + mediaId);
100             //获取文件信息
101             FileDescriptor filedesc = helper.openFile(uri, "r");
102             //定义一个图片编码参数选项，用于设置相关编码参数
103             ImageSource.DecodingOptions decodingOpts = new
                ImageSource.DecodingOptions();
104             decodingOpts.desiredSize = new Size(300, 300);
105             //根据文件信息生成pixelMap对象，该对象是设置Image组件的关键API
106             ImageSource imageSource = ImageSource.create(filedesc, null);
107             PixelMap pixelMap = imageSource.createThumbnailPixelmap(dec
                odingOpts, true);
108             //构造一个图片组件并且设置相关属性
109             Image img = new Image(MainAbilitySlice.this);
110             img.setId(mediaId);
111             img.setHeight(300);
112             img.setWidth(300);
113             img.setMarginTop(20);
114             img.setMarginLeft(20);
115             img.setPixelMap(pixelMap);
116             img.setScaleMode(Image.ScaleMode.ZOOM_CENTER);
117             //在表格布局中加载图片组件
118             tlAlbum.addComponent(img);
119             HiLog.info(LABEL, "uri=" + uri);
120             img_ids.add(mediaId);
121         }
122     } catch (DataAbilityRemoteException | FileNotFoundException e) {
123         e.printStackTrace();
124     }
125     //完成照片数量的刷新，如果没有照片，则在UI中显示"没有照片"的文本
126     if (img_ids.size() > 0) {
127         textLoading.setVisibility(Component.HIDE);
128         textNum.setVisibility(Component.VISIBLE);
129         textNum.setText("照片数量: " + img_ids.size());
130     } else {
131         textLoading.setVisibility(Component.VISIBLE);
132         textLoading.setText("没有照片");
133         textNum.setVisibility(Component.HIDE);
134     }
135  }
136
137 }
```

6.5　读取系统相册的数据并更新 UI 显示

MainAbilitySlice（代码清单 6-5）中第 78 ~ 135 行代码实现了从系统数据库读取照片，然后渲染 UI 组件的业务逻辑。第 84 ~ 87 行实现了读取系统数据库中的数据，第 95 ~ 107 行代码先遍历获取的数据结果集，然后输出 PixelMap 对象，再用该对象设置 Image 组件的图片数据，从而将整个 UI 页面渲染出来。

6.6　小结

本章通过一个相册的案例，重点讲解了 HarmonyOS 权限控制的概念以及动态权限申请的使用流程，然后讲解了如何读取系统相册数据库中的数据进行 UI 渲染。

第 7 章 | Chapter 7

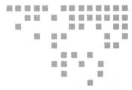

实战项目五：自定义视频播放器（Java）

7.1 UI 效果图与知识点

图 7-1 展示了视频播放器 UI 效果图。

图 7-1 UI 效果图

涉及知识点：

1）HarmonyOS 移动应用开发工具（DevEco Studio）的使用；

2）UI 组件的使用，包括 Text、Button、Image、RadioButton、ToastDialog、Round-ProgressBar、Slider；

3）UI 布局的使用，包括 DirectionalLayout、DependentLayout；

4）日志打印，HiLog 的使用；

5）各种事件监听操作与业务逻辑实现（重难点）；

6）SurfaceProvider 结合 Player 实现视频播放（重难点）；

7）工程中文件的读取（重点）；

8）网络访问权限的设置（重点）；

9）结合官方 API 编写业务逻辑来实现自定义控制栏（重难点）；

10）属性动画的使用（重难点）；

11）定时任务、子线程与 UI 线程通信（重难点）；

12）代码编程规范、设计模式（重难点）。

7.2 开发准备工作

1. 新建工程和模块

首先打开 DevEco Studio，新建一个工程，工程类型可以任意选择。然后在工程下新建一个 Module，该 Module 选择为 Java FA 类型，具体操作如图 7-2、图 7-3 和图 7-4 所示。

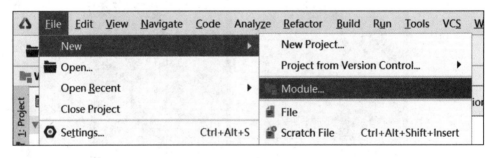

图 7-2　新建工程和模块（1）

2. 导入外部资源文件

从随书项目源码中获取相关图片资源并导入工程中，直接将所有图片复制到 media 目录下即可。

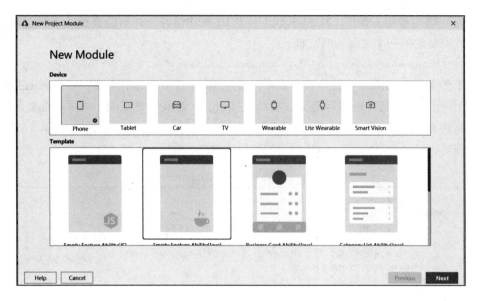

图 7-3　新建工程和模块（2）

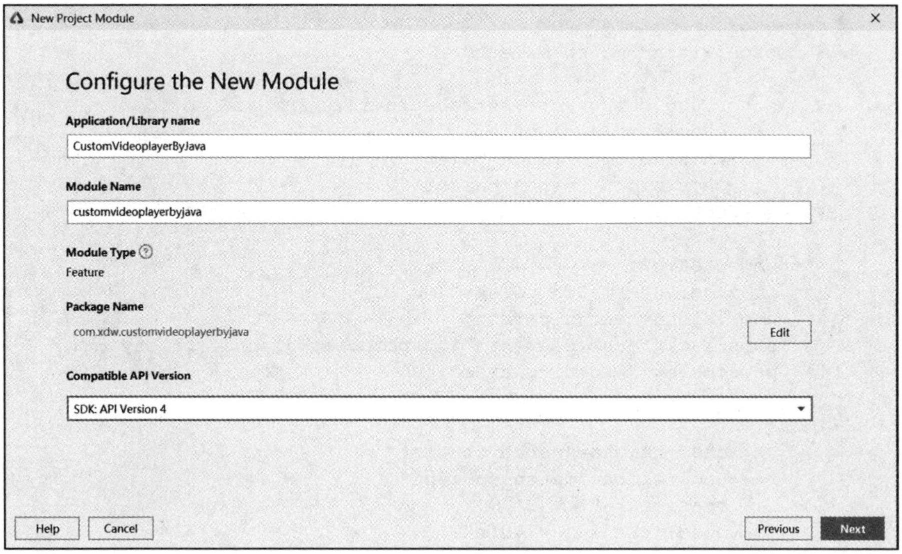

图 7-4　新建工程和模块（3）

7.3　播放一个本地视频

HarmonyOS 的 Java SDK 中并没有一个完全封装好的视频播放器组件，需要我们自行定制。关于视频播放，这里需要一个关键核心类 Player。该类主要涉及视频流的播放、暂停、停止、倍速等相关操作，而它并不是一个 UI 视图组件，并不能直接将视频呈现到 UI 上，因此需要它的一个关键 API，如下：

```
public boolean setVideoSurface(ohos.agp.graphics.Surface surface)
```

这里传递一个 surface 参数，该参数可以通过 SurfaceProvider 获取到，而 SurfaceProvider 是一个 UI 组件，并且可以编写到 xml 布局文件中。于是我们要实现一个视频播放的操作，核心就是将 SurfaceProvider 和 Player 关联起来。

先编写布局文件 ability_main.xml，如代码清单 7-1 所示。

代码清单7-1　布局文件ability_main.xml

```
1    <?xml version="1.0" encoding="utf-8"?>
2    <DependentLayout
3        xmlns:ohos="http://schemas.huawei.com/res/ohos"
4        ohos:id="$+id:dl_vv"
5        ohos:height="match_content"
6        ohos:width="match_parent"
7        ohos:orientation="vertical"
8        >
9
10       <DependentLayout
11           ohos:id="$+id:dl_player"
12           ohos:height="400vp"
13           ohos:width="match_parent">
14
15           <ohos.agp.components.surfaceprovider.SurfaceProvider
16               ohos:id="$+id:sp"
17               ohos:height="match_parent"
18               ohos:width="match_parent"/>
19       </DependentLayout>
20
21       <DependentLayout
22           ohos:height="match_parent"
23           ohos:width="match_parent"
24           ohos:background_element="$graphic:background_ability_main"
25           ohos:below="$id:dl_player">
26
27           <Text
28               ohos:height="match_content"
29               ohos:width="match_content"
30               ohos:text="视频内容介绍：......"
31               ohos:text_size="40fp"/>
32       </DependentLayout>
33
34   </DependentLayout>
```

第 15 ～ 18 行代码添加了一个 SurfaceProvider 组件，最终视频播放的内容就是由它来承载的。

下面修改 MainAbilitySlice 的代码，如下：

```
1    package com.xdw.customvideoplayerbyjava.slice;
2
```

```java
3    import com.xdw.customvideoplayerbyjava.ResourceTable;
4    import ohos.aafwk.ability.AbilitySlice;
5    import ohos.aafwk.content.Intent;
6    import ohos.agp.components.surfaceprovider.SurfaceProvider;
7    import ohos.agp.graphics.SurfaceOps;
8    import ohos.agp.window.dialog.ToastDialog;
9    import ohos.agp.window.service.Window;
10   import ohos.agp.window.service.WindowManager;
11   import ohos.hiviewdfx.HiLog;
12   import ohos.hiviewdfx.HiLogLabel;
13   import ohos.media.player.Player;
14
15   import java.io.IOException;
16
17   import static ohos.media.player.Player.VIDEO_SCALE_TYPE_CROP;
18
19   public class MainAbilitySlice extends AbilitySlice implements Player.IPlayerCallback {
20       private static final String TAG = "MainAbilitySlice";    //定义日志标记
21       private static final HiLogLabel LABEL = new HiLogLabel(HiLog.LOG_APP, 0, TAG);
         //定义日志label
22       private SurfaceProvider mSurfaceProvider;
                                    //定义一个SurfaceProvider控件，用来呈现视频
23       private Player mPlayer; //定义一个Player，用来控制视频流
24       private SurfaceOps mSurfaceOps;
25       //关键回调，呈现视频的空间创建好之后开始初始化视频流Player的相关操作
26       private SurfaceOps.Callback mSurfaceCallback = new SurfaceOps.Callback() {
27           @Override
28           public void surfaceCreated(SurfaceOps surfaceOps) {
29               try {
30                   //设置本地视频源，必须首先设置这个，否则无法播放视频
31                   mPlayer.setSource(getContext().getResourceManager().
                     getRawFileEntry("resources/rawfile/a.mp4").openRawFileDescriptor());
32                   //设置视频播放的窗口，player绑定surface的核心操作，将视频流与UI容器
                     //组件关联起来
33                   mPlayer.setVideoSurface(mSurfaceProvider.getSurfaceOps().
                     get().getSurface());
34
35                   //设置视频循环播放，不是必须的
36                   mPlayer.enableSingleLooping(true);
37                   //设置视频准备播放，注意这里不是直接调用play方法，而是先调用prepare，
                     //后面在onPrepared回调里面再调用play，意思就是准备好之后再播放
38                   mPlayer.prepare();
39               } catch (IOException e) {
40                   e.printStackTrace();
41                   HiLog.error(LABEL, e.toString());
42                   new ToastDialog(MainAbilitySlice.this).setText("视频不存在").show();
43               }
44
45           }
46
47           @Override
48           public void surfaceChanged(SurfaceOps surfaceOps, int i, int i1, int i2) {
49
50           }
51
```

```
52          @Override
53          public void surfaceDestroyed(SurfaceOps surfaceOps) {
54              mPlayer.stop();
55          }
56      };
57
58      @Override
59      public void onStart(Intent intent) {
60          super.onStart(intent);
61          super.setUIContent(ResourceTable.Layout_ability_main);
62          initView();
63          initPlayer();
64      }
65
66      @Override
67      public void onActive() {
68          super.onActive();
69      }
70
71      @Override
72      public void onForeground(Intent intent) {
73          super.onForeground(intent);
74      }
75
76      private void initView() {
77          mSurfaceProvider = (SurfaceProvider) findComponentById(ResourceTable.Id_sp);
78  //          mSurfaceOps = mSurfaceProvider.getSurfaceOps().get();
79          //为了让surface窗口能够播放视频，可以将ztop设置为true。设置成true之后，
            //surface窗口上面就不能再显示自定义控制栏了，因为surface窗口在最上层，会遮住下层的控制栏
80          //因此将ztop设置为false，为false的时候必须将窗口背景设置为透明，视频才能
            //显示，否则黑屏
81          mSurfaceProvider.pinToZTop(false);
82          //设置页面背景透明
83          WindowManager windowManager = WindowManager.getInstance();
84          Window window = windowManager.getTopWindow().get();
85          window.setTransparent(true);
86      }
87
88      //定义初始化player的操作
89      private void initPlayer() {
90          mPlayer = new Player(this); //创建player对象
91          mPlayer.setVideoScaleType(VIDEO_SCALE_TYPE_CROP);   //设置视频缩放类型
92          mSurfaceProvider.getSurfaceOps().get().addCallback(mSurfaceCallback);
            //player与surface回调绑定
93          mPlayer.setPlayerCallback(this);
94      }
95
96      //player的回调
97      @Override
98      public void onPrepared() {
99          HiLog.error(LABEL, "onPrepared");
100         //视频准备好之后开始播放
101         mPlayer.play();
102     }
103
```

```
104    @Override
105    public void onMessage(int i, int i1) {
106        HiLog.error(LABEL, "onMessage");
107    }
108
109    @Override
110    public void onError(int i, int i1) {
111        HiLog.error(LABEL, "onError");
112    }
113
114    @Override
115    public void onResolutionChanged(int i, int i1) {
116        HiLog.error(LABEL, "onResolutionChanged");
117    }
118
119    @Override
120    public void onPlayBackComplete() {
121        HiLog.error(LABEL, "onPlayBackComplete");
122    }
123
124    @Override
125    public void onRewindToComplete() {
126        HiLog.error(LABEL, "onRewindToComplete");
127    }
128
129    @Override
130    public void onBufferingChange(int i) {
131        HiLog.error(LABEL, "onBufferingChange");
132    }
133
134    @Override
135    public void onNewTimedMetaData(Player.MediaTimedMetaData mediaTimedMetaData) {
136
137    }
138
139    @Override
140    public void onMediaTimeIncontinuity(Player.MediaTimeInfo mediaTimeInfo) {
141
142    }
143 }
```

这里将 Player 和 SurfaceProvider 关联起来，主要是通过 SurfaceOps.Callback 这个关键回调接口来实现的。除此之外，需要注意 ztop 这个关键设置。

7.4　实现网络视频播放

首先将上一步代码中的视频源从本地修改为网络视频地址，见代码清单 7-2。

代码清单7-2　视频源从本地修改为网络视频地址

```
1    public void surfaceCreated(SurfaceOps surfaceOps) {
2        //设置本地视频源，必须首先设置这个，否则无法播放视频
3        //mPlayer.setSource(getContext().getResourceManager().getRawFileEntry
```

```
             ("resources/rawfile/a.mp4").openRawFileDescriptor());
4            //设置网络视频
5            mPlayer.setSource(new Source("https://mm-xdw.obs.cn-north-4.
             myhuaweicloud.com/a6.mp4"));
6            //设置视频播放的窗口，player绑定surface的核心操作，将视频流与UI容器组件关联起来
7            mPlayer.setVideoSurface(mSurfaceProvider.getSurfaceOps().get().getSurface());
8
9            //设置视频循环播放，不是必须的
10           mPlayer.enableSingleLooping(true);
11           //设置视频准备播放，注意这里不是直接调用play方法，而是先调用prepare，后面在
             //OnPrepared回调里面再调用play，意思就是准备好之后再播放
12           mPlayer.prepare();
13      }
```

HarmonyOS App 默认是不具备网络访问权限的，因此需要开通网络权限，在 config.json 中添加权限配置，见代码清单 7-3。

代码清单7-3　在config.json中添加权限配置

```
"reqPermissions": [
  {
    "name": "ohos.permission.INTERNET"
  }
],
```

注意：此时添加的权限配置只能默认支持 HTTPS 访问。如果还要开通 HTTP 访问，则需要添加代码清单 7-4 中的配置；如果只需要支持 HTTPS 访问，则可以不用添加。

代码清单7-4　开通HTTP访问的配置

```
"deviceConfig": {
  "default": {
    "network": {
      "cleartextTraffic": true
    }
  }
},
```

7.5　添加自定义控制栏

修改 ability_main.xml 的代码，如代码清单 7-5 所示。

代码清单7-5　修改ability_main.xml

```
1   <?xml version="1.0" encoding="utf-8"?>
2   <DependentLayout
3       xmlns:ohos="http://schemas.huawei.com/res/ohos"
4       ohos:id="$+id:dl_vv"
5       ohos:height="match_content"
6       ohos:width="match_parent"
7       ohos:orientation="vertical"
```

```
8          >
9
10     <DependentLayout
11         ohos:id="$+id:dl_player"
12         ohos:height="400vp"
13         ohos:width="match_parent">
14
15         <ohos.agp.components.surfaceprovider.SurfaceProvider
16             ohos:id="$+id:sp"
17             ohos:height="match_parent"
18             ohos:width="match_parent"/>
19
20         <RoundProgressBar
21             ohos:id="$+id:rpb_loading"
22             ohos:height="64vp"
23             ohos:width="64vp"
24             ohos:center_in_parent="true"
25             ohos:max_angle="320"
26             ohos:progress="0"
27             ohos:progress_color="#47CC47"
28             ohos:progress_hint_text_color="#FFFFFF"
29             ohos:progress_width="5vp"/>
30
31         <DirectionalLayout
32             ohos:id="$+id:dl_beisu"
33             ohos:height="match_content"
34             ohos:width="match_content"
35             ohos:above="$id:bottom_control"
36             ohos:alignment="center"
37             ohos:background_element="$graphic:background_layout_beisu"
38             ohos:horizontal_center="true"
39             ohos:orientation="horizontal">
40
41             <Text
42                 ohos:height="match_content"
43                 ohos:width="match_content"
44                 ohos:left_margin="5vp"
45                 ohos:text="1.5X"
46                 ohos:text_color="#FFFFFF"
47                 ohos:text_size="18fp"
48                 />
49
50             <Text
51                 ohos:height="match_content"
52                 ohos:width="match_content"
53                 ohos:left_margin="5vp"
54                 ohos:text="1X"
55                 ohos:text_color="#FFFFFF"
56                 ohos:text_size="18fp"/>
57
58             <Text
59                 ohos:height="match_content"
60                 ohos:width="match_content"
61                 ohos:left_margin="5vp"
62                 ohos:text="0.5X"
```

```
63              ohos:text_color="#FFFFFF"
64              ohos:text_size="18fp"/>
65
66      </DirectionalLayout>
67
68      <DirectionalLayout
69          ohos:id="$+id:bottom_control"
70          ohos:height="match_content"
71          ohos:width="match_parent"
72          ohos:align_parent_bottom="true"
73          ohos:alignment="vertical_center"
74          ohos:orientation="horizontal">
75
76          <Image
77              ohos:height="match_content"
78              ohos:width="match_content"
79              ohos:image_src="$media:play"
80              ohos:left_margin="5vp"/>
81
82          <Text
83              ohos:id="$+id:text_current_time"
84              ohos:height="match_content"
85              ohos:width="match_content"
86              ohos:left_margin="5vp"
87              ohos:text="00:00"
88              ohos:text_color="#FFFFFF"
89              ohos:text_size="18fp"/>
90
91          <Slider
92              ohos:id="$+id:progress_bar_vedio"
93              ohos:height="match_content"
94              ohos:width="0vp"
95              ohos:left_margin="5vp"
96              ohos:max="100"
97              ohos:min="0"
98              ohos:progress="0"
99              ohos:progress_color="green"
100             ohos:progress_width="5vp"
101             ohos:weight="1"/>
102
103         <Text
104             ohos:height="match_content"
105             ohos:width="match_content"
106
107             ohos:left_margin="5vp"
108             ohos:text="倍数"
109             ohos:text_color="#FFFFFF"
110             ohos:text_size="18fp"/>
111
112         <Text
113             ohos:id="$+id:text_total_time"
114             ohos:height="match_content"
115             ohos:width="match_content"
116             ohos:left_margin="5vp"
117             ohos:text="00:00"
```

```
118                    ohos:text_color="#FFFFFF"
119                    ohos:text_size="18fp"/>
120
121            <Image
122                    ohos:id="$+id:img_full_screen"
123                    ohos:height="match_content"
124                    ohos:width="match_content"
125                    ohos:image_src="$media:screenfull"
126                    ohos:layout_alignment="right"
127                    ohos:left_margin="5vp"
128                    ohos:right_margin="5vp"/>
129        </DirectionalLayout>
130    </DependentLayout>
131
132    <DependentLayout
133        ohos:height="match_parent"
134        ohos:width="match_parent"
135        ohos:background_element="$graphic:background_ability_main"
136        ohos:below="$id:dl_player">
137
138        <Text
139                ohos:height="match_content"
140                ohos:width="match_content"
141                ohos:text="视频内容介绍......"
142                ohos:text_size="40fp"/>
143    </DependentLayout>
144
145 </DependentLayout>
```

效果图如图 7-5 所示。这里定制了一个常见的底部控制条、加载等待框、倍速选择选项，在布局中我们可以将这些初始化状态统一设置为隐藏，这里为截图演示，没有设置相关属性。

图 7-5　效果图

7.6 实现控制栏显示与隐藏的动态切换

步骤如下：

1）播放器控制栏默认设置的是隐藏状态，在视频 onPrepared 之后显示该控制栏。

首先我们在代码中添加一系列后面要使用的 UI 组件、线程分发器、异步任务等对象的定义，如代码清单 7-6 所示。

代码清单7-6　添加要使用的对象

```
private TaskDispatcher uiTaskDispatcher;        //定义UI线程任务分发器，子线程中更新UI主
                                                //线程时需要使用它
private Revocable revocableBootomControl;       //定义底部导航栏3秒后定时消失的异步任务
//start---定义控制栏相关UI组件---start
private DependentLayout dlPlayer;               //定义视频播放器的容器，采用相对布局
private DirectionalLayout dlBootomControl;      //底部的控制栏
private Slider sliderBarVedio;
private Image imgPlay, imgFullScreen;
private DirectionalLayout dlBeisu;
private Text textBeisu, textBeisu15, textBeisu1, textBeisu05;
private RoundProgressBar rpbLoading;
//end---定义控制栏相关UI组件---end
```

因为我们会在 player 的回调中更新 UI 控件的状态，而 player 的回调都是在子线程中进行的，所以要想更新 UI 的状态需要用到 UITaskDispatcher。

2）在之前编写的 initView 方法中初始化相关组件。相关代码见代码清单 7-7。

代码清单7-7　初始化相关组件

```
private void initView() {
        mSurfaceProvider = (SurfaceProvider) findComponentById(ResourceTable.Id_sp);
//      mSurfaceOps = mSurfaceProvider.getSurfaceOps().get();
        //为了让surface窗口能够播放视频，可以将ztop设置为true，设置成true之后，surface
        //窗口上面就不能再显示自定义控制栏了，因为surface窗口在最上层，会遮住下层的控制栏
        //因此将ztop设置为false，为false的时候必须将窗口背景设置为透明，视频才能显示，否则黑屏
        mSurfaceProvider.pinToZTop(false);
        //设置页面背景透明
        WindowManager windowManager = WindowManager.getInstance();
        Window window = windowManager.getTopWindow().get();
        window.setTransparent(true);

        dlPlayer = (DependentLayout) findComponentById(ResourceTable.Id_dl_player);
        dlBootomControl = (DirectionalLayout) findComponentById(ResourceTable.Id_
        dl_bottom_control);
        imgPlay = (Image) findComponentById(ResourceTable.Id_img_play);
        dlBeisu = (DirectionalLayout) findComponentById(ResourceTable.Id_dl_beisu);
        textBeisu = (Text) findComponentById(ResourceTable.Id_text_beisu);
        textBeisu15 = (Text) findComponentById(ResourceTable.Id_text_beisu15);
        textBeisu1 = (Text) findComponentById(ResourceTable.Id_text_beisu1);
        textBeisu05 = (Text) findComponentById(ResourceTable.Id_text_beisu05);
        imgFullScreen = (Image) findComponentById(ResourceTable.Id_img_full_screen);
        sliderBarVedio = (Slider) findComponentById(ResourceTable.Id_slider_vedio);
        rpbLoading = (RoundProgressBar)findComponentById(ResourceTable.Id_rpb_loading);
    }
```

3）添加 UI 组件的点击事件。

首先在 AbilitySlice 上添加 Component.ClickedListener 接口实现，然后封装一个 initEvent 方法，并且在 onStart 方法中调用它，如代码清单 7-8 所示。

代码清单7-8　添加UI组件的点击事件

```
private void initEvent() {
    dlPlayer.setClickedListener(this);
    dlBootomControl.setClickedListener(this);
    imgPlay.setClickedListener(this);
    dlBeisu.setClickedListener(this);
    textBeisu.setClickedListener(this);
    textBeisu15.setClickedListener(this);
    textBeisu1.setClickedListener(this);
    textBeisu05.setClickedListener(this);
    imgFullScreen.setClickedListener(this);
    sliderBarVedio.setClickedListener(this);
}
```

4）xml 中默认设置底部控制栏是隐藏的，在 onPrepared 回调中更新 UI 状态，显示底部控制栏，并且定时 3 秒之后隐藏。

相关代码见代码清单 7-9。

代码清单7-9　onPrepared回调中更新UI状态

```
//player的回调
@Override
public void onPrepared() {
    HiLog.error(LABEL, "onPrepared");
    //视频准备好之后开始播放
    mPlayer.play();
    //视频准备好之后显示控制栏
    uiTaskDispatcher.asyncDispatch(new Runnable() {
        @Override
        public void run() {
            dlBootomControl.setVisibility(Component.VISIBLE);
        }
    });
    //3秒之后自动隐藏控制栏
    revocableBootomControl = uiTaskDispatcher.delayDispatch(new Runnable() {
        @Override
        public void run() {
            dlBootomControl.setVisibility(Component.INVISIBLE);
        }
    }, 3000);
}
```

注意　这里如果不引用 uiTaskDispatcher，而是直接设置控制栏隐藏的话，就会报告如图 7-6 所示的错误。

```
2021-02-02 16:25:07.159 24529-25506/? E/AndroidRuntime: FATAL EXCEPTION: PlayerCallbackEvent
    Process: com.example.wdproject, PID: 24529
    java.lang.IllegalStateException: The current thread must have a looper!
        at android.view.Choreographer$1.initialValue(Choreographer.java:116)
        at android.view.Choreographer$1.initialValue(Choreographer.java:111)
        at java.lang.ThreadLocal.setInitialValue(ThreadLocal.java:180)
        at java.lang.ThreadLocal.get(ThreadLocal.java:170)
        at android.view.Choreographer.getInstance(Choreographer.java:358)
        at ohos.agp.vsync.VsyncScheduler.requestVsync(VsyncScheduler.java:120)
        at ohos.agp.vsync.VsyncSchedulerNativeAdapter.requestVsync(VsyncSchedulerNativeAdapter.java:52)
        at ohos.agp.components.Component.nativeSetVisibility(Native Method)
        at ohos.agp.components.Component.setVisibility(Component.java:1601)
        at com.xdw.customvideoplayerbyjava.slice.MainAbilitySlice.onPrepared(MainAbilitySlice.java:135)
        at ohos.media.player.Player$PlayerCallbackEventHandler.processEvent(Player.java:1256)
        at ohos.eventhandler.EventHandler.distributeEvent(EventHandler.java:889)
        at ohos.eventhandler.EventRunner$EventInnerRunner.startToRun(EventRunner.java:142)
        at ohos.eventhandler.EventRunner$EventInnerRunner.run(EventRunner.java:98)
        at java.lang.Thread.run(Thread.java:929)
```

图 7-6　报错

5）在 onClick 回调方法中实现点击播放器窗口时显示控制栏、3 秒后隐藏控制栏的逻辑。相关代码见代码清单 7-10。

代码清单7-10　在onClick回调方法中实现点击播放器窗口时显示控制栏

```
@Override
public void onClick(Component component) {
    switch (component.getId()) {
        //点击播放器窗口的时候，显示控制栏，3秒之后隐藏控制栏
        case ResourceTable.Id_dl_player:
            //首先判断之前是否存在异步任务，存在则先取消之前的定时任务
            if(revocableBootomControl!=null){
                revocableBootomControl.revoke();
            }
            //显示控制栏
            dlBootomControl.setVisibility(Component.VISIBLE);
            //3秒后隐藏控制栏
            revocableBootomControl = uiTaskDispatcher.delayDispatch(new Runnable() {
                @Override
                public void run() {
                    dlBootomControl.setVisibility(Component.INVISIBLE);
                }
            }, 3000);
            break;
    }
}
```

7.7　实现带动画效果的加载等待框

1. 实现加载框转圈的动画效果
声明一个属性动画的成员变量：

```
private AnimatorProperty loadingAnimator;    //加载等待框的属性动画，用来实现转圈效果
```

在 onStart 的末尾添加加载框的属性动画绑定，见代码清单 7-11。

代码清单7-11　在onStart的末尾添加加载框的属性动画绑定

```
//初始化加载框的动画
loadingAnimator = rpbLoading.createAnimatorProperty();
loadingAnimator.rotate(360).setDuration(2000).setDelay(500).setLoopedCount(-1);
```

在 mSurfaceCallback 回调中开启动画，见代码清单 7-12。

代码清单7-12　在mSurfaceCallback回调中开启动画

```
//视频播放前加载框转圈
if(!loadingAnimator.isRunning()){
    loadingAnimator.start();
}
```

 启动动画之前要判断动画是否已经启动过，不要重复启动。

2. 实现加载框的显示与隐藏逻辑

加载框在 xml 布局中默认是显示的；当视频开始播放之后，将其设置为隐藏；后面当视频缓冲卡住时设置加载框显示；缓冲卡点结束时设置加载框隐藏。核心就是通过 onMessage 回调接口进行监听。相关代码见代码清单 7-13。

代码清单7-13　实现加载框的显示与隐藏

```
@Override
public void onMessage(int i, int i1) {
    HiLog.error(LABEL, "onMessage i=" + i);
    //视频缓冲加载开始和加载完成都会触发此回调，通过第一个参数i进行判断
    //Player.PLAYER_INFO_BUFFERING_START代表开始缓冲，Player.PLAYER_INFO_
    //BUFFERING_END代表结束缓冲
    switch (i) {
        //开始缓冲，显示加载等待框
        case Player.PLAYER_INFO_BUFFERING_START:
            uiTaskDispatcher.asyncDispatch(new Runnable() {
                @Override
                public void run() {
                    rpbLoading.setVisibility(Component.VISIBLE);
                }
            });
            break;
        //结束缓冲，隐藏加载等待框
        case Player.PLAYER_INFO_VIDEO_RENDERING_START:
        case Player.PLAYER_INFO_BUFFERING_END:
            uiTaskDispatcher.asyncDispatch(new Runnable() {
                @Override
                public void run() {
                    rpbLoading.setVisibility(Component.INVISIBLE);
```

```
            }
        });
        break;
    }
}
```

7.8　实现视频的播放和暂停功能

首先在 onClick 回调方法的 switch...case 片段中添加相关逻辑，见代码清单 7-14。

代码清单7-14　在onClick回调方法添加相关逻辑

```
case ResourceTable.Id_img_play:
    //点击之后，正在播放则暂停，暂停则播放
    if (mPlayer.isNowPlaying()) {
        mPlayer.pause();
        imgPlay.setPixelMap(ResourceTable.Media_play);
    } else {
        mPlayer.play();
        imgPlay.setPixelMap(ResourceTable.Media_pause);
    }
    break;
```

然后在视频开始播放的时候，将播放按钮的图标切换为"暂停"图标，并且在视频准备好之后显示控制栏，代码在之前的 onPrepared 回调中。

代码清单7-15　视频准备好之后显示控制栏

```
//视频准备好之后显示控制栏
uiTaskDispatcher.asyncDispatch(new Runnable() {
    @Override
    public void run() {
        imgPlay.setPixelMap(ResourceTable.Media_pause);
        dlBootomControl.setVisibility(Component.VISIBLE);
    }
});
```

7.9　实现控制栏的全屏切换功能

首先定义一个标记当前视频窗口是否全屏的 flag 标记。

```
private boolean screenFullFlag = false;  //标记当前是否是全屏，默认是非全屏的
```

定义一个变量，保存全屏之前的布局，以便还原成之前非全屏时。

```
private ComponentContainer.LayoutConfig oldLayoutConfig;
//视频窗口全屏之前的布局配置，用来从全屏还原到非全屏
```

修改 initView 的代码，在里面补充一句代码：

```
oldLayoutConfig = dlPlayer.getLayoutConfig(); //保存全屏之前的布局，以便后面还原成非全屏状态
```

在 onClick 方法中，添加代码清单 7-16 所示的逻辑。

代码清单7-16　全屏和非全屏切换

```
//全屏和非全屏切换
case ResourceTable.Id_img_full_screen:
    if(!screenFullFlag){
        DependentLayout.LayoutConfig lp = new DependentLayout.
        LayoutConfig(DependentLayout.LayoutConfig.MATCH_PARENT,
                DependentLayout.LayoutConfig.MATCH_PARENT);
        dlPlayer.setLayoutConfig(lp);
        screenFullFlag = true;
    }else{
        dlPlayer.setLayoutConfig(oldLayoutConfig);
        screenFullFlag = false;
    };
    break;
```

7.10　实现视频总时长与当前播放时间实时显示

1）首先定义两个显示时间的 Text 组件，并且在 initView 方法中进行赋值与布局绑定。相关代码见代码清单 7-17。

代码清单7-17　定义两个显示时间的Text组件

```
private Text textTotalTime;        //定义显示视频总时长的组件
private Text textCurrentTime;      //定义视频实时播放时间的组件
...
textTotalTime = (Text)findComponentById(ResourceTable.Id_text_total_time);
textCurrentTime = (Text)findComponentById(ResourceTable.Id_text_current_time);
```

2）定义相关时间逻辑处理的成员变量。

```
private int totalTime;      //定义视频播放总时长，单位为秒，API获取的时间单位默认为毫秒
private int currentTime;    //视频当前播放时间，单位为秒，API获取的时间单位默认为毫秒
```

3）编写一个用来格式化时间显示的函数。相关代码见代码清单 7-18。

代码清单7-18　格式化时间显示的函数

```
/**
 * 将时间戳格式化为00:00格式的显示
 * @param time   时间，单位为秒
 * @return
 */
private String timeToFormatString(int time){
    int minites = time/60;
    int seconds = time%60;
    String minStr = minites>10?String.valueOf(minites):"0"+String.valueOf(minites);
    String secStr = seconds>10?String.valueOf(seconds):"0"+String.valueOf(seconds);
    return new StringBuilder(minStr).append(":").append(secStr).toString();
}
```

4）在 OnPrepared 回调中获取视频总时长并且更新控制栏时长显示。相关代码见代码清单 7-19。

代码清单7-19　显示控制栏并且设置总时长

```
totalTime = mPlayer.getDuration()/1000; //总时长默认单位为毫秒，转化为秒

//视频准备好之后显示控制栏，并且设置总时长
uiTaskDispatcher.asyncDispatch(new Runnable() {
    @Override
    public void run() {
        textTotalTime.setText(timeToFormatString(totalTime));
        imgPlay.setPixelMap(ResourceTable.Media_pause);
        dlBootomControl.setVisibility(Component.VISIBLE);
    }
});
```

5）播放器当前播放时间是实时显示的，于是需要使用 Java 定时器 Timer 与 TimerTask 来实现，在播放开始之后启动该定时器。相关代码见代码清单 7-20。

代码清单7-20　定义一个定时任务

```
private Timer updateCurrenttimeTimer =new Timer();   //用来实时更新播放器

//在onPrepared回调中编写下面的内容
//定义一个定时任务，用来实时更新当前播放时间
TimerTask timerTask = new TimerTask() {
    @Override
    public void run() {
        currentTime = mPlayer.getCurrentTime()/1000; //总时长默认单位为毫秒，转化为秒
        uiTaskDispatcher.asyncDispatch(new Runnable() {
            @Override
            public void run() {
                textCurrentTime.setText(timeToFormatString(currentTime));
            }
        });
    }
};
//启动定时任务，每500毫秒执行一次
updateCurrenttimeTimer.schedule(timerTask,0,500);
```

7.11　实现控制栏的播放进度条的实时更新

在视频准备好之后设置进度条的最大值和最小值。

```
//视频准备好之后设置进度条的最大值和最小值
sliderBarVedio.setMaxValue(totalTime);
sliderBarVedio.setMinValue(0);
```

在之前实时更新显示当前播放时间的 TimerTask 中实时刷新进度条进度，见代码清单 7-21。

代码清单7-21　实时更新当前播放时间和进度条进度

```
//定义一个定时任务,用来实时更新当前播放时间和进度条进度
TimerTask timerTask = new TimerTask() {
    @Override
    public void run() {
        currentTime = mPlayer.getCurrentTime()/1000; //总时长默认单位为毫秒,转化为秒
        uiTaskDispatcher.asyncDispatch(new Runnable() {
            @Override
            public void run() {
                textCurrentTime.setText(timeToFormatString(currentTime));
                //更新当前时间显示
                sliderBarVedio.setProgressValue(currentTime);    //更新进度条进度
            }
        });
    }
};
```

7.12　实现视频播放进度跳转

1. 实现点击进度条时跳转视频播放进度

在 onClick 方法的 switch 中添加代码清单 7-22 所示的代码。

代码清单7-22　实现点击进度条时跳转视频播放进度

```
//点击播放进度条时跳转播放进度
case ResourceTable.Id_slider_vedio:
    int progress = sliderBarVedio.getProgress(); //获取进度条进度
    mPlayer.rewindTo(progress*1000*1000);    //重定位播放进度,注意这里进度是微秒单位
    break;
```

2. 添加进度条的拖动监听事件并实现播放进度跳转

在 initEvent 末尾添加代码清单 7-23 所示的代码。

代码清单7-23　添加进度条的拖动监听事件并且实现播放进度的跳转

```
sliderBarVedio.setValueChangedListener(new Slider.ValueChangedListener() {
    @Override
    public void onProgressUpdated(Slider slider, int i, boolean b) {

    }

    //拖动开始的时候,需要先关闭之前的相关定时器,不然拖动操作和之前的定时器更新进度条操作有冲
      突,从而显示不流畅
    @Override
    public void onTouchStart(Slider slider) {
    }

    //拖动结束的时候
    @Override
```

```
public void onTouchEnd(Slider slider) {
    int progress = sliderBarVedio.getProgress();        //获取进度条进度
    mPlayer.rewindTo(progress*1000*1000);   //重定位播放进度，注意这里进度是微秒
                                                        单位
}
});
```

7.13 实现倍速播放的功能

步骤如下：

1）首先定义一个标示倍速选择栏是否显示的 flag 变量。代码如下所示：

```
private boolean isShowDlBeisuFlag = false;   //定义一个用来标示倍速控制的那行布局是否
                                             //显示的flag，ture代表显示，默认不显示
```

2）点击倍速按钮，弹出或者隐藏倍速选择栏。相关代码见代码清单 7-24。

代码清单7-24   点击倍速按钮，弹出或者隐藏倍速选择栏

```
//点击倍速按钮，弹出或者隐藏倍速选择栏
case ResourceTable.Id_text_beisu:
    if (isShowDlBeisuFlag) {
        dlBeisu.setVisibility(Component.INVISIBLE);
        isShowDlBeisuFlag = false;
    } else {
        dlBeisu.setVisibility(Component.VISIBLE);
        isShowDlBeisuFlag = true;
    }
    break;
```

3）点击各个倍速对应的按钮，设置播放速度，并且将选定的按钮颜色切换为选中色
（绿色），其他的按钮设置为默认的白色。相关代码见代码清单 7-25。

代码清单7-25   定义各个倍速对应的按钮

```
/**
 * 定义一个将所有倍速按钮设置成默认白色的方法，在切换倍速的时候调用
 */
private void setAllBeisuColorDefault() {
    textBeisu1.setTextColor(Color.WHITE);
    textBeisu15.setTextColor(Color.WHITE);
    textBeisu05.setTextColor(Color.WHITE);
}

//1倍播放速度
case ResourceTable.Id_text_beisu1:
    mPlayer.setPlaybackSpeed(1);
    setAllBeisuColorDefault();
    textBeisu1.setTextColor(Color.GREEN);
    break;
//1.5倍播放速度
```

```
case ResourceTable.Id_text_beisu15:
    mPlayer.setPlaybackSpeed(1.5f);
    setAllBeisuColorDefault();
    textBeisu15.setTextColor(Color.GREEN);
    break;
//0.5倍播放速度
case ResourceTable.Id_text_beisu05:
    mPlayer.setPlaybackSpeed(0.5f);
    setAllBeisuColorDefault();
    textBeisu05.setTextColor(Color.GREEN);
    break;
```

7.14　小结

本章通过一个封装视频播放器的案例，完整地介绍了与开发视频播放功能相关的流程和知识点，从最初的播放一个本地视频到网络播放，到添加视频播放器自定义控制栏，以及实现控制栏上各个按钮的功能；学习了视频播放相关 API 的使用，并且还穿插学习了定时任务、子线程与 UI 线程通信、属性动画等知识点。后面大家有兴趣可以参考之前 4.11 节的内容自行将自定义的视频播放器组件封装成第三方库 HAR，以便后续项目复用。

Chapter 8 第 8 章

实战项目六：分布式视频播放器（Java）

8.1　UI 效果图与知识点

图 8-1 和图 8-2 给出了分布式视频播放器 UI 效果图。

图 8-1　UI 效果图（1）

图 8-2　UI 效果图（2）

涉及知识点：

1）HarmonyOS 移动应用开发工具（DevEco Studio）的使用；

2）真机调试（重难点）；

3）分布式协同应用调试（重难点）；

4）工具类的封装；

5）分布式协同应用开发——远程启动 FA 并进行数据交互（重难点）；

6）代码移植和功能迭代（重难点）。

8.2　开发准备工作

1. 新建工程和模块

首先打开 DevEco Studio，新建一个工程，工程类型可以任意选择。然后在工程下新建一个 Module，该 Module 选择为 Java FA 类型，具体操作如图 8-3、图 8-4 和图 8-5 所示。

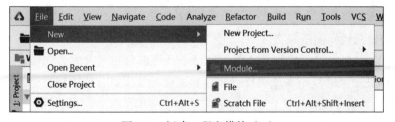

图 8-3　新建工程和模块（1）

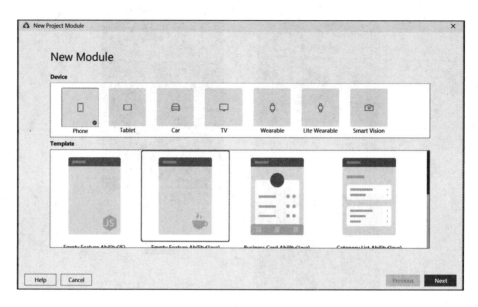

图 8-4　新建工程和模块（2）

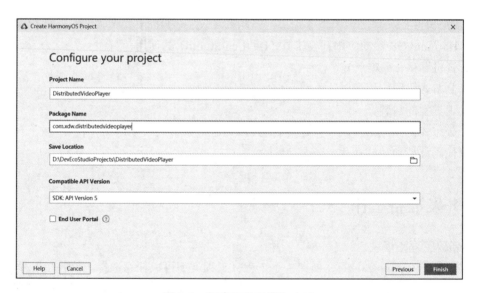

图 8-5　新建工程和模块（3）

2. 导入所有源代码和资源文件

本项目在上一个自定义视频播放器的项目上升级成分布式开发，先将上一个项目的所有 Java 代码和资源文件复制到该项目下并且测试运行该项目，待测试通过之后再进行后续开发。

8.3　真机调试

之前的所有项目统一在一个工程下（见随书项目源码 WdProject），是采用多模块管理的方式进行开发的。本项目将进行 HarmonyOS 分布式流转功能的开发，该功能必须使用两台真机才能进行测试，并且为了更好地调试该项目，本项目独立创建了一个工程（见随书项目源码 DistributedVideoPlayer）。

8.3.1　真机设备运行流程

通过 DevEco Studio 在真机设备上运行 HarmonyOS 应用时，需要在 AppGallery Connect 中申请调试证书和 Profile 文件，并对 HAP 进行签名后才能在真机设备上运行（Smart Vision 设备除外）。在真机设备上运行应用的流程如图 8-6 所示。

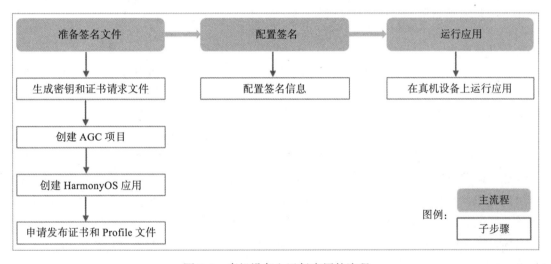

图 8-6　真机设备上运行应用的流程

在真机设备上运行应用的详细操作流程如表 8-1 所示。

表 8-1　真机设备上运行应用的详细操作流程

步骤	操作步骤	操作说明
1	生成密钥和证书请求文件	使用 DevEco Studio 生成私钥（存放在 .p12 文件中）和证书请求文件（.csr 文件）
2	创建 AGC 项目	申请调试证书前，需要登录 AppGallery Connect 后创建项目
3	创建 HarmonyOS 应用	在 AppGallery Connect 项目中创建一个 HarmonyOS 应用，用于调试证书和 Profile 文件申请
4	申请调试证书和 Profile 文件	在 AppGallery Connect 中申请、下载调试证书和 Profile 文件

（续）

步骤	操作步骤	操作说明
5	配置签名信息	在真机设备上运行前，需要使用制作的私钥（.p12）文件、在 AppGallery Connect 中申请的证书（.cer）文件和 Profile（.p7b）文件对应用进行签名
6	在真机设备上运行应用 • 在 Phone 和 Tablet 中运行应用 • 在 Car 中运行应用 • 在 TV 中运行应用 • 在 Wearable 中运行应用 • 在 Lite Wearable 中运行应用	

8.3.2 生成密钥和证书请求文件

1. 基本概念

HarmonyOS 应用通过数字证书（.cer 文件）和 HarmonyAppProvision 文件（.p7b 文件）保证应用的完整性，通过 DevEco Studio 生成密钥文件（.p12 文件）和证书请求文件（.csr 文件）。同时，也可以使用命令行工具的方式来生成密钥文件和证书请求文件。

密钥：包含非对称加密中使用的公钥和私钥，存储在密钥库文件中，格式为 .p12。其中公钥用于内容的加密，私钥用于解密；在数字签名过程中，私钥用于数字签名，公钥用于解密。

证书请求文件：格式为 .csr，全称为 Cerificate Signing Request，包含密钥对中的公钥和公共名称、组织名称、组织单位等信息，用于向 AppGallery Connect 申请数字证书。

数字证书：格式为 .cer，由华为 AppGallery Connect 颁发。

HarmonyAppProvision 文件：格式为 .p7b，包含 HarmonyOS 应用的包名、数字证书信息、描述应用允许申请的证书权限列表，以及允许应用调试的设备列表（如果应用类型为 Release 类型，则设备列表为空）等内容，每个应用包中均必须包含一个 HarmonyAppProvision 文件。

2. 使用 DevEco Studio 生成密钥和证书请求文件

1）在主菜单栏点击 Build > Generate Key and CSR。如果本地已有对应的密钥，则无须新生成密钥，可以点击 Generate Key 界面下的 Skip 按钮，跳过密钥生成过程，直接使用已有密钥生成证书请求文件。

2）在 Key Store File 中，可以点击 Choose Existing 选择已有的密钥库文件；如果没有密钥库文件，则点击 New 进行创建。下面以新创建密钥库文件为例进行说明。

3）在 Create Key Store 窗口中，填写密钥库信息后，点击 OK，如图 8-7 所示。

❑ Key Store File：选择密钥库文件存储路径。

❑ Password：设置密钥库密码，必须是大写字母、小写字母、数字和特殊符号中的两

　　种以上字符的组合，长度至少为 8 位。请记住该密码，后续签名配置需要使用。

❑ Confirm Password：再次输入密钥库密码。

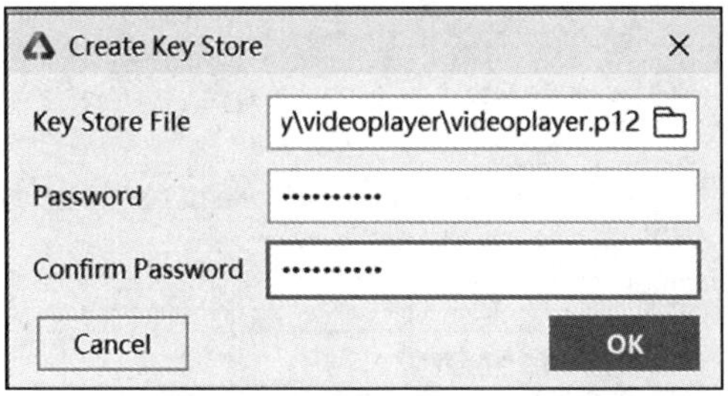

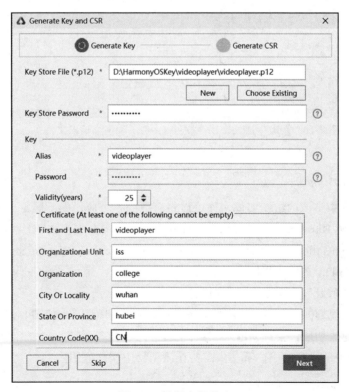

图 8-7　输入密钥库密码

4）在 Generate Key 界面中继续填写密钥信息，点击 Next，如图 8-8 所示。

❑ Alias：密钥的别名信息，用于标识密钥名称。请记住该别名，后续签名配置需要使用。

❑ Password：密钥对应的密码，与密钥库密码保持一致，无须手动输入。

❑ Validity：证书有效期，建议设置为 25 年及以上，覆盖应用的完整生命周期。

❑ Certificate：输入证书基本信息，如组织、城市或地区、国家码等。

图 8-8　填写密钥信息

5）在 Generate CSR 界面，选择密钥和设置 CSR 文件存储路径，如图 8-9 所示。

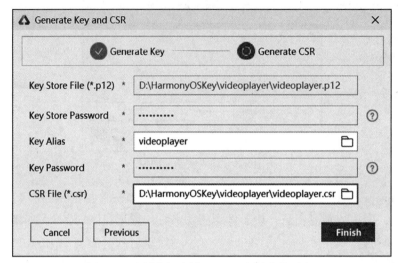

图 8-9　选择密钥和设置 CSR 文件存储路径

6）点击 Finish 按钮，创建 CSR 文件成功，可以在存储路径下获取生成的密钥库文件（.p12）和证书请求文件（.csr），如图 8-10 所示。

图 8-10　获取生成的密钥库文件（.p12）和证书请求文件（.csr）

8.3.3　创建 AGC 项目

项目是 AGC 中资源的组织实体，你可以将自己的一个应用的不同平台版本添加到同一个项目中。在创建 HarmonyOS 应用并进行分发之前，你需要先在 AGC 中创建项目。

1）登录 AppGallery Connect 网站（https://developer.huawei.com/consumer/cn/service/josp/agc/index.html），选择"我的项目"，如图 8-11 所示。

2）在"我的项目"页面点击"添加项目"，如图 8-12 所示。

3）输入预先规划的项目名称（例如，player），点击"确认"，如图 8-13 所示。

4）项目创建成功后，会自动进入"项目设置"页面。

此时该项目中还没有应用，下一步需要在该项目中添加应用。

图 8-11　登录 AppGallery Connect 网站

图 8-12　添加项目

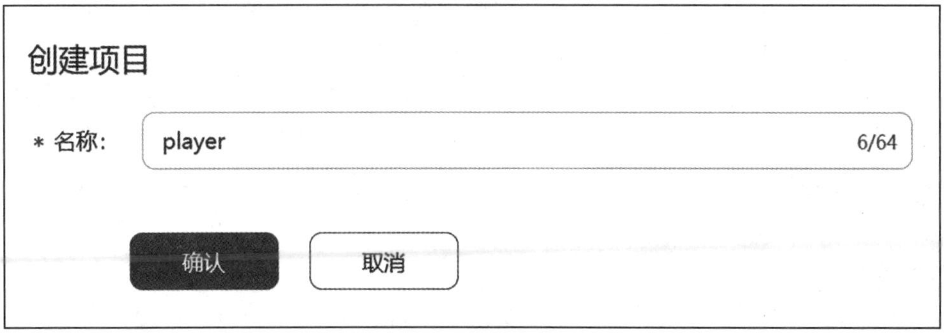

创建项目

* 名称：　player　　　　　　　　　　　　　　　　　　　　　　6/64

　　　　　确认　　　　取消

图 8-13　输入预先规划的项目名称

8.3.4 创建 HarmonyOS 应用

可以在创建的项目下直接添加 HarmonyOS 应用，也可以在"我的项目"页面创建 HarmonyOS 应用。这里只介绍在"我的项目"下添加 HarmonyOS 应用。

1）登录 AppGallery Connect 网站，选择"我的项目"。

2）在项目列表中点击你的项目，如 jsvideodemo，如图 8-14 所示。

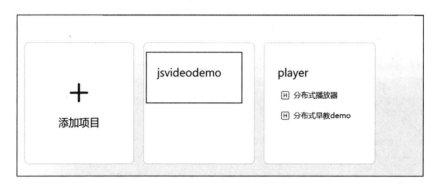

图 8-14　在项目列表中点击项目

3）在"项目设置"页面中点击"添加应用"，如图 8-15 所示。

图 8-15　在"项目设置"页面中点击"添加应用"

如果项目中已经存在应用，需要添加新的应用，则展开页面顶部的应用选择区域，选择"添加应用"，如图 8-16 所示。

图 8-16　选择"添加应用"

4）在"添加应用"页面填写应用信息，如图 8-17 所示。

> **注意**　当前只有受邀请开发者才能创建 HarmonyOS 应用。如果 AGC 页面未展示" APP（HarmonyOS 应用）"选项，则请将开发者名称、申请背景、支持设备类型、是否有应用上架诉求及 Developer ID 发送至 agconnect@huawei.com，华为运营人员将在 1 ~ 3 个工作日内为你安排对接人员。Developer ID 查询方法如下：登录 AGC 网站，点击"我的项目"，选择你的任意项目，在"项目设置 > 常规 > 开发者"下即可找到 Developer ID。

图 8-17　在"添加应用"页面填写应用信息

8.3.5　申请调试证书和 Profile 文件

1. 申请调试证书

1）登录 AppGallery Connect 网站，选择"用户与访问"，如图 8-18 所示。

2）在左侧导航栏选择"证书管理"，进入证书管理页面，点击"新增证书"，如图 8-19 所示。

> **注意**　当前只有受邀请开发者才能访问证书管理菜单。如果 AGC 页面未展示证书管理菜单，则请将开发者名称、申请背景、支持设备类型、是否有应用上架诉求及 Developer ID 发送至 agconnect@huawei.com。

图 8-18 选择"用户与访问"

图 8-19 点击"新增证书"

3）在弹出的"新增证书"窗口，填写要申请的证书信息，点击"提交"，如图 8-20 所示。

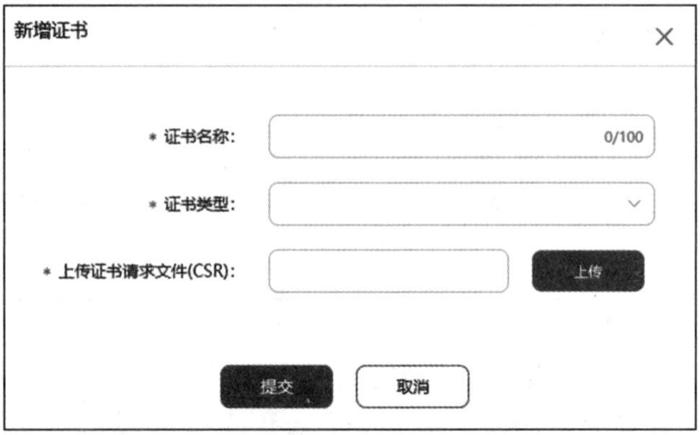

图 8-20 填写要申请的证书信息

说明：最多可申请两个调试证书。

如证书已过期，那么"失效日期"列展示"已于 YYYY-MM-DD 过期"。可以下载或废除过期证书。

新增证书的参数说明见表 8-2。

表 8-2　新增证书参数说明

参数	说明
证书名称	最多 100 个字符
证书类型	选择"调试证书"
上传证书请求文件（CSR）	上传之前生成的证书请求文件

4）证书申请成功后，证书管理页面展示证书名称、证书类型和失效日期。点击"下载"，可下载证书。点击"废除"，在确认框中点击"确认"，可废除证书。

2. 注册调试设备

1）登录 AppGallery Connect 网站，选择"用户与访问"。

2）在左侧导航栏选择"设备管理"，进入设备管理页面，点击右上角的"添加设备"，如图 8-21 所示。

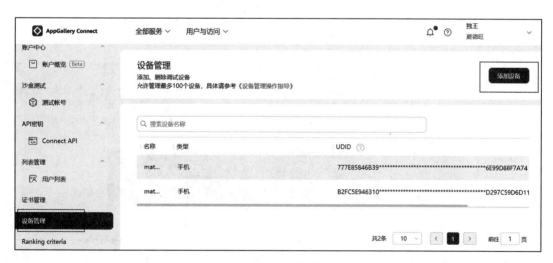

图 8-21　设备管理页

3）在弹出窗口填写设备信息，点击"提交"，如图 8-22 所示。

表 8-3 给出了所添加设备的参数说明。

填写设备信息 ✕

* 名称： mate30pro 9/100

类型： 手机 ⌄

* UDID： ⑦ 输入字母和数字 0/64

提交 取消

图 8-22　添加设备

表 8-3　添加设备参数说明

参数	说明
类型	选择运动手表、智能手表、智慧屏、路由器或手机
名称	最多 100 个字符
UDID	UDID 是由字母和数字组成的 64 位字符串 智能手表、智慧屏、路由器或手机的 UDID 获取方法相同，以智能手表为例：打开智能手表的"设置 > 关于手表"，多次点击版本号，打开开发者模式。打开"设置"，在最下方找到"开发人员选项"，打开"HDC 调试"开关。连接智能手表后，打开命令行工具，在显示"hdc shell"后，输入"bm get --udid"命令，获取设备的 UDID  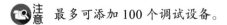 运动手表：联系华为运营人员获取 UDID

hdc 是 HarmonyOS SDK 自带的工具，它所在的位置如图 8-23 所示。

4）设备添加成功后，所添加的设备会出现在设备管理页面。如需删除调试设备，则点击"操作"列的"删除"即可。

🔍注意　最多可添加 100 个调试设备。

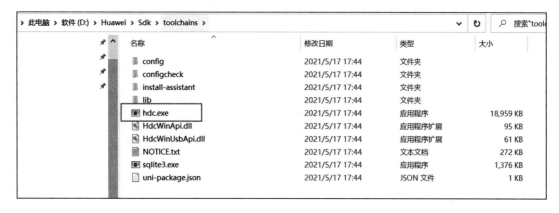

图 8-23　hdc 的文件位置

3. 申请调试 Profile

1）登录 AppGallery Connect 网站，选择"我的项目"。

2）找到你的项目，点击创建的 HarmonyOS 应用。

3）选择" HarmonyOS 应用 > HAP Provision Profile 管理"，进入"管理 HAP Provision Profile"页面，点击右上角"添加"，如图 8-24 所示。

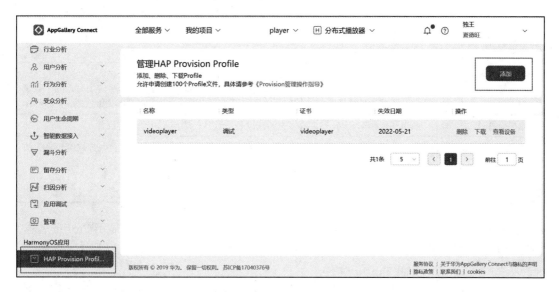

图 8-24　"管理 HAP Provision Profile"页面

4）在弹出的" HarmonyAppProvision 信息"窗口添加调试 Profile，如图 8-25 所示。表 8-4 给出了添加调试 Profile 的参数说明。

图 8-25　添加调试 Profile

表 8-4　添加调试 Profile 的参数说明

参数	说明
名称	最大 100 字符
类型	选择"调试"
选择证书	点击"选择"，选择一个调试证书 提示：首次发布应用时，申请调试 Profile 请勿选择发布证书。升级应用时，除了调试证书，还可额外选择当前在架应用的发布证书，以继承获取已上架应用的数据与权限
选择设备	点击"选择"，选择一个或多个调试设备。最多可选择 100 个调试设备
申请受限权限	可选项。如软件包要求使用受限权限，请务必在此处进行申请，否则你的应用将无法在调试设备上安装调试 点击"修改"，勾选需要申请的权限，点击"确定"即可 提示：受限权限开放场景参见表 6-3

5）调试 Profile 申请成功后，"管理 HAP Provision Profile"页面就会展示 Profile 名称、Profile 类型、添加的证书和失效日期。

点击"下载"，可下载 Profile 文件。

点击"删除"，在确认框中点击"确认"，可删除 Profile 文件。

点击"查看设备"，可查看 Profile 绑定的调试设备。

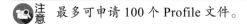 注意　最多可申请 100 个 Profile 文件。

8.3.6　配置签名信息

完成上述 8.3.2 ～ 8.3.5 节的操作，并且已经下载好了调试证书和 Profile 文件之后，将它们与之前生成的密钥和证书统一放在一个目录下，以方便后续配置，如图 8-26 所示。

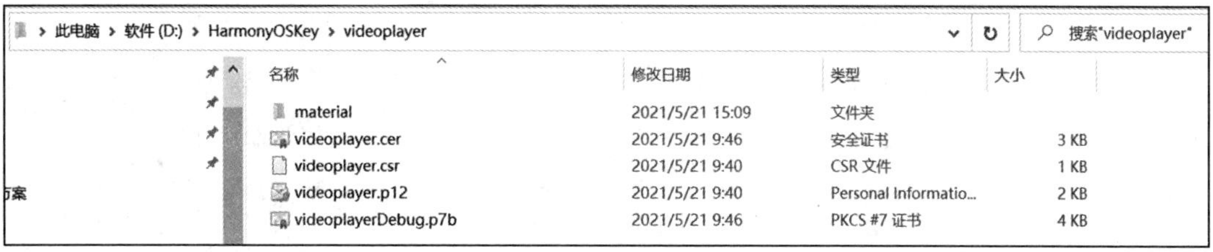

图 8-26　统一文件目录

然后，在 DevEco Studio 中进行模块签名信息配置：打开 File > Project Structure，在 Modules > entry > Signing Configs > debug 窗口中，配置指定模块的调试签名信息，如图 8-27 所示。

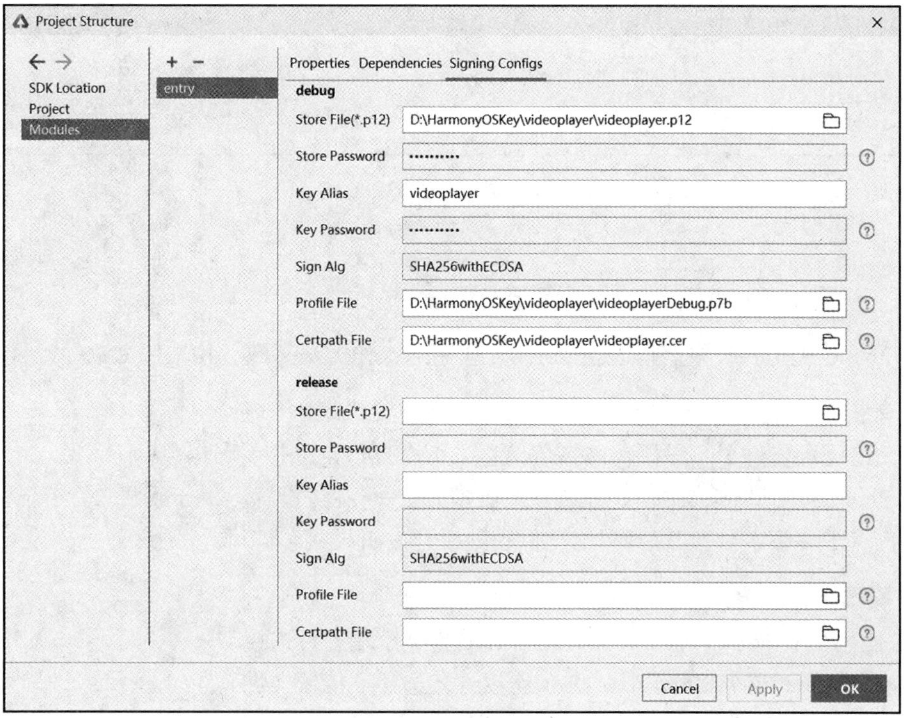

图 8-27　配置指定模块的调试签名信息

❑ Store File(*.p12)：选择密钥库文件，文件后缀为 .p12。
❑ Store Password：输入密钥库密码。

❑ Key Alias：输入密钥的别名信息。

❑ Key Password：输入密钥的密码。

❑ Sign Alg：签名算法，固定为 SHA256withECDSA。

❑ Profile File：选择申请的调试 Profile 文件，文件后缀为 .p7b。

❑ Certpath File：选择申请的调试数字证书文件，文件后缀为 .cer。

设置完签名信息后，点击 OK 进行保存，然后可以在模块下的 build.gradle 中查看签名的配置信息，如图 8-28 所示。

```
apply plugin: 'com.huawei.ohos.hap'
apply plugin: 'com.huawei.ohos.decctest'
ohos {
    signingConfigs { NamedDomainObjectContainer<SigningConfigOptions> it ->
        debug {
            storeFile file('D:\\HarmonyOSKey\\videoplayer\\videoplayer.p12')
            storePassword '0000001A1120D93BCEB1D16F311CC3ADE0D8D549A9B54F0CE8E2FE7C0E85031F762CDB92B7BB9EFB864E'
            keyAlias = 'videoplayer'
            keyPassword '0000001AB7E0AB81E16C2CE246F20F78C1E02D17A78B06F0A3D1DAF0FC977FEA4B974048A260753DA26D'
            signAlg = 'SHA256withECDSA'
            profile file('D:\\HarmonyOSKey\\videoplayer\\videoplayerDebug.p7b')
            certpath file('D:\\HarmonyOSKey\\videoplayer\\videoplayer.cer')
        }
    }
    compileSdkVersion 5
    defaultConfig { DefaultConfigOptions it ->
        compatibleSdkVersion 5
    }
}
```

图 8-28　查看签名的配置信息

8.3.7　在 Phone 或 Tablet 中运行应用

在 Phone 或 Tablet 中运行 HarmonyOS 应用的操作方法一致，均采用 USB 的连接方式。

1. 前提条件

之前已经配置好了工程模块的签名信息，可以打包生成带签名信息的 HAP。

在 Phone 或者 Tablet 中，打开"开发者模式"，可在"设置 > 关于手机 / 关于平板"中，连续多次点击"版本号"，直到提示"你正处于开发者模式"即可。

2. 操作步骤

1）使用 USB 方式，将 Phone 或者 Tablet 与 PC 端进行连接。

2）在 Phone 或者 Tablet 中，USB 连接方式选择"传输文件"。

3）在 Phone 或者 Tablet 中，打开"设置 > 系统和更新 > 开发人员"选项，打开"USB 调试"开关。

4）在菜单栏中，点击" Run > Run' 模块名称 '"，或使用默认快捷键 Shift+F10（Mac 为 Control+R）运行应用，如图 8-29 所示。

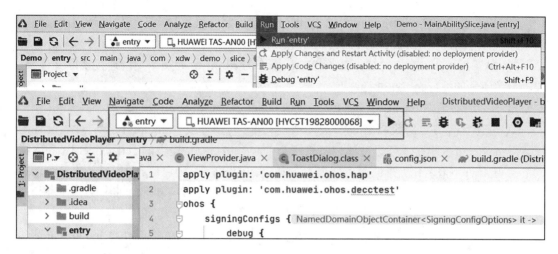

图 8-29 运行应用

5）在 DevEco Studio 中启动 HAP 的编译构建和安装。安装成功后，Phone 或者 Tablet 会自动运行安装的 HarmonyOS 应用。

之前已经移植自定义播放器的代码到该项目之中，请在真机上测试完成之后再进行后续开发步骤。

8.4 分布式任务调度开发介绍

在 HarmonyOS 中，分布式任务调度平台对搭载 HarmonyOS 的多设备构筑的"超级虚拟终端"提供统一的组件管理能力，为应用定义统一的能力基线、接口形式、数据结构、服务描述语言，屏蔽硬件差异；支持远程启动、远程调用、业务无缝迁移等分布式任务。

分布式任务调度平台在底层实现 Ability（分布式任务调度的基本组件）跨设备的启动 / 关闭、连接 / 断开连接以及迁移等能力，实现跨设备的组件管理：

❏ 启动和关闭：向开发者提供管理远程 Ability 的能力，即支持启动 Page 模板的能力，以及启动、关闭 Service 和 Data 模板的能力。

❏ 连接和断开连接：向开发者提供跨设备控制服务（Service 和 Data 模板的 Ability）的能力，开发者可以通过与远程服务连接及断开连接实现获取或注销跨设备管理服务的对象，达到与本地一致的服务调度。

❏ 迁移能力：向开发者提供跨设备业务的无缝迁移能力，开发者可以通过调用 Page 模板 Ability 的迁移接口，将本地业务无缝迁移到指定设备中，打通设备间的壁垒。

其约束与限制如下：

1）开发者需要在 Intent 中设置支持分布式的标记（例如：Intent.FLAG_ABILITYSLICE_MULTI_DEVICE 表示该应用支持分布式调度），否则将无法获得分布式能力。

2）开发者通过在 config.json 中的 reqPermissions 字段里添加多设备协同访问的权限申请：第三方应用使用 {"name": "ohos.permission.DISTRIBUTED_DATASYNC"}。

3）PA（Particle Ability，Service 和 Data 模板的 Ability）的调用支持连接及断开连接、启动及关闭这四类行为，在进行调度时：

❑ 开发者必须在 Intent 中指定 PA 对应的 bundleName 和 abilityName。

❑ 当开发者需要跨设备启动、关闭或连接 PA 时，需要在 Intent 中指定对端设备的 deviceId。开发者可通过如设备管理类 DeviceManager 提供的 getDeviceList 获取指定条件下匿名化处理的设备列表，实现对指定设备 PA 的启动 / 关闭以及连接管理。

4）FA（Feature Ability，Page 模板的 Ability）的调用支持启动和迁移行为，在进行调度时：

❑ 当启动 FA 时，需要开发者在 Intent 中指定对端设备的 deviceId、bundleName 和 abilityName。

❑ FA 的迁移实现相同 bundleName 和 abilityName 的 FA 跨设备迁移，因此需要指定迁移设备的 deviceId。

5）DevEco Studio 远程模拟设备的功能无法调测分布式任务调度，需要在真机环境下进行测试。

8.5　分布式任务调度开发测试预置条件

至少要有两台手机：

❑ 所有手机接入同一 WiFi 网络。

❑ 所有手机登录相同华为账号。

❑ 所有手机上开启"设置 > 更多连接 > 多设备协同"。

8.6　分布式视频播放器开发权限配置

在 HarmonyOS 中，进行分布式协同相关功能开发时需要申请相关权限。首先在 config.json 中添加如代码清单 8-1 所示的配置。

代码清单8-1　在config.json中添加配置

```
"reqPermissions": [
    {
      "name": "ohos.permission.INTERNET"
    },
    {
      "name": "ohos.permission.DISTRIBUTED_DATASYNC"
    },
    {
```

```
      "name": "ohos.permission.DISTRIBUTED_DEVICE_STATE_CHANGE"
    },
    {
      "name": "ohos.permission.GET_DISTRIBUTED_DEVICE_INFO"
    },
    {
      "name": "ohos.permission.GRT_BUNDLE_INFO"
    }
  ],
```

这里除了之前业务添加的 INTERNET 权限，其他为分布式协同功能需要的权限。其中 DISTRIBUTED_DATASYNC 是敏感权限，还需要在 Java 代码中进行动态权限申请，弹框由用户进行授权，详细操作见 6.4 节中的动态权限申请讲解。这里为了快速演示功能开发，采取了简洁的动态权限申请流程（正式项目不要采取这种简洁做法），仅仅在 MainAbilitySlice 的 onStart 方法中添加一行申请权限的代码。

```
// 开发者动态申请需要使用的敏感权限
requestPermissionsFromUser(new String[]{"ohos.permission.DISTRIBUTED_DATASYNC"}, 0);
```

8.7　搜索并展示进行分布式协同的设备列表

具体步骤如下：

1）修改之前的主布局代码，加一个 "tv" 图片按钮，用于触发事件。

UI 效果如图 8-30 所示。

图 8-30　UI 效果图

修改后的 ability_main.xml 如代码清单 8-2 所示。

代码清单8-2　修改后的ability_main.xml

```
1    <?xml version="1.0" encoding="utf-8"?>
2    <DependentLayout
3        xmlns:ohos="http://schemas.huawei.com/res/ohos"
4        ohos:id="$+id:dl_vv"
5        ohos:height="match_content"
6        ohos:width="match_parent"
7        ohos:orientation="vertical"
8        >
9
10       <DependentLayout
11           ohos:id="$+id:dl_player"
12           ohos:height="400vp"
13           ohos:width="match_parent">
14
15           <ohos.agp.components.surfaceprovider.SurfaceProvider
16               ohos:id="$+id:sp"
17               ohos:height="match_parent"
18               ohos:width="match_parent"/>
19
20           <RoundProgressBar
21               ohos:id="$+id:rpb_loading"
22               ohos:height="64vp"
23               ohos:width="64vp"
24               ohos:center_in_parent="true"
25               ohos:max_angle="320"
26               ohos:progress="0"
27               ohos:progress_color="#47CC47"
28               ohos:progress_hint_text_color="#FFFFFF"
29               ohos:progress_width="5vp"/>
30
31           <DirectionalLayout
32               ohos:id="$+id:dl_beisu"
33               ohos:height="match_content"
34               ohos:width="match_content"
35               ohos:above="$id:dl_bottom_control"
36               ohos:alignment="center"
37               ohos:background_element="$graphic:background_layout_beisu"
38               ohos:horizontal_center="true"
39               ohos:orientation="horizontal"
40               ohos:visibility="invisible">
41
42               <Text
43                   ohos:id="$+id:text_beisu15"
44                   ohos:height="match_content"
45                   ohos:width="match_content"
46                   ohos:left_margin="5vp"
47                   ohos:text="1.5X"
48                   ohos:text_color="#FFFFFF"
49                   ohos:text_size="18fp"
50                   />
51
```

```
52              <Text
53                  ohos:id="$+id:text_beisu1"
54                  ohos:height="match_content"
55                  ohos:width="match_content"
56                  ohos:left_margin="5vp"
57                  ohos:text="1X"
58                  ohos:text_color="#FFFFFF"
59                  ohos:text_size="18fp"/>
60
61              <Text
62                  ohos:id="$+id:text_beisu05"
63                  ohos:height="match_content"
64                  ohos:width="match_content"
65                  ohos:left_margin="5vp"
66                  ohos:text="0.5X"
67                  ohos:text_color="#FFFFFF"
68                  ohos:text_size="18fp"/>
69
70          </DirectionalLayout>
71          <Image
72              ohos:id="$+id:tv"
73              ohos:height="23vp"
74              ohos:width="23vp"
75              ohos:align_parent_right="true"
76              ohos:image_src="$media:ic_tv"
77              ohos:right_margin="20vp"
78              ohos:scale_mode="stretch"
79              ohos:vertical_center="true"
80              />
81          <DirectionalLayout
82              ohos:id="$+id:dl_bottom_control"
83              ohos:height="match_content"
84              ohos:width="match_parent"
85              ohos:align_parent_bottom="true"
86              ohos:alignment="vertical_center"
87              ohos:orientation="horizontal"
88              ohos:visibility="invisible">
89
90              <Image
91                  ohos:id="$+id:img_play"
92                  ohos:height="match_content"
93                  ohos:width="match_content"
94                  ohos:image_src="$media:play"
95                  ohos:left_margin="5vp"/>
96
97              <Text
98                  ohos:id="$+id:text_current_time"
99                  ohos:height="match_content"
100                 ohos:width="match_content"
101                 ohos:left_margin="5vp"
102                 ohos:text="00:00"
103                 ohos:text_color="#FFFFFF"
104                 ohos:text_size="18fp"/>
105
106             <Slider
```

```
107                    ohos:id="$+id:slider_vedio"
108                    ohos:height="match_content"
109                    ohos:width="0vp"
110                    ohos:left_margin="5vp"
111                    ohos:max="100"
112                    ohos:min="0"
113                    ohos:progress="0"
114                    ohos:progress_color="green"
115                    ohos:progress_width="5vp"
116                    ohos:weight="1"/>
117
118            <Text
119                    ohos:height="match_content"
120                    ohos:width="match_content"
121                    ohos:id="$+id:text_beisu"
122                    ohos:left_margin="5vp"
123                    ohos:text="倍数"
124                    ohos:text_color="#FFFFFF"
125                    ohos:text_size="18fp"/>
126
127            <Text
128                    ohos:id="$+id:text_total_time"
129                    ohos:height="match_content"
130                    ohos:width="match_content"
131                    ohos:left_margin="5vp"
132                    ohos:text="00:00"
133                    ohos:text_color="#FFFFFF"
134                    ohos:text_size="18fp"/>
135
136            <Image
137                    ohos:id="$+id:img_full_screen"
138                    ohos:height="match_content"
139                    ohos:width="match_content"
140                    ohos:image_src="$media:screenfull"
141                    ohos:layout_alignment="right"
142                    ohos:left_margin="5vp"
143                    ohos:right_margin="5vp"/>
144        </DirectionalLayout>
145    </DependentLayout>
146
147    <DependentLayout
148        ohos:height="match_parent"
149        ohos:width="match_parent"
150        ohos:background_element="$graphic:background_ability_main"
151        ohos:below="$id:dl_player">
152
153        <Text
154            ohos:height="match_content"
155            ohos:width="match_content"
156            ohos:text="视频内容介绍......"
157            ohos:text_size="40fp"/>
158    </DependentLayout>
159
160 </DependentLayout>
```

其中第 71 ~ 80 行代码为本章新增代码。

2）自定义一个弹框，用来展示搜索到的可以进行协同的设备列表。

首先自定义了一个弹框的布局文件 remote_devices_dialog，如代码清单 8-3 所示。

代码清单8-3　弹框的布局文件remote_devices_dialog

```
<DirectionalLayout
    xmlns:ohos="http://schemas.huawei.com/res/ohos"
    ohos:height="200vp"
    ohos:width="match_parent"
    ohos:alignment="horizontal_center"
    ohos:background_element="#ffffff"
    ohos:clickable="false"
    ohos:enabled="false"
    ohos:orientation="vertical"
    ohos:top_padding="15vp">

    <Text
        ohos:height="match_content"
        ohos:width="match_parent"
        ohos:layout_alignment="horizontal_center"
        ohos:text="Harmony devices"
        ohos:text_color="#000000"
        ohos:text_size="18vp"/>

    <ListContainer
        ohos:id="$+id:device_list_container"
        ohos:height="match_parent"
        ohos:width="match_parent"
        ohos:orientation="vertical"
        />

</DirectionalLayout>
```

自定义一个上面弹框里的 ListContainer 组件需要加载的 item 的子布局文件 device_list_item，如代码清单 8-4 所示。

代码清单8-4　子布局文件device_list_item

```
<DirectionalLayout xmlns:ohos="http://schemas.huawei.com/res/ohos"
                    ohos:width="match_parent"
                    ohos:height="40vp">

    <Text
        ohos:id="$+id:device_text"
        ohos:width="match_parent"
        ohos:height="match_parent"
        ohos:text_color="#55000000"
        ohos:left_margin="10vp"
        ohos:text_size="16fp"/>

</DirectionalLayout>
```

定义需要用到的相关成员变量，如代码清单 8-5 所示。

代码清单8-5　定义需要用到的相关成员变量

```
//定义存放设备列表数据的List
private List<DeviceInfo> devices = new ArrayList<>(0);
//定义deviceListContainer成员变量
private ListContainer deviceListContainer;
//定义imageTv成员变量，该图片按钮用于触发分布式流转业务
private Image imageTv;
//定义Toast显示时长
private static final int TOAST_DURATION = 3000;
//定义自定义弹框，加载搜索到的可以进行分布式协同的设备列表
private  CommonDialog devicesDialog;
```

定义一个初始化自定义弹框的方法，如代码清单 8-6 所示。

代码清单8-6　定义一个初始化自定义弹框的方法

```
/**
 * 初始化设备列表弹框
 */
private void intDevicesDialog(){
    devicesDialog = new CommonDialog(this);
    Component dialogComponent = LayoutScatter.getInstance(getContext())
            .parse(ResourceTable.Layout_remote_devices_dialog, null, true);
    devicesDialog.setContentCustomComponent(dialogComponent);
    deviceListContainer = (ListContainer) dialogComponent.
    findComponentById(ResourceTable.Id_device_list_container);
}
```

在 initView 方法的最后添加代码清单 8-7 所示代码。

代码清单8-7　初始化imageTv以及自定义对话框

```
//初始化imageTv
imageTv = (Image)findComponentById(ResourceTable.Id_tv);
//初始化自定义对话框
intDevicesDialog();
```

在 initEvent 中添加 imageTv 的点击事件监听，如代码清单 8-8 所示。

代码清单8-8　在initEvent中添加imageTv的点击事件监听

```
//添加图片按钮点击事件
imageTv.setClickedListener(new Component.ClickedListener() {
    @Override
    public void onClick(Component component) {
        //初始化设备列表数据
        initDevices();
        //显示加载数据列表
        showDeviceList();
    }
});
```

这里调用了 initDevices 和 showDeviceList 两个自定义方法，如代码清单 8-9 所示。

代码清单8-9　调用的initDevices和showDeviceList两个自定义方法

```
1    /**
2       * 查找可以进行分布式协同的设备，并且存储到devices中
3       */
4      private void initDevices() {
5          if (devices.size() > 0) {
6              devices.clear();
7          }
8          List<DeviceInfo> deviceInfos = DeviceManager.
             getDeviceList(DeviceInfo.FLAG_GET_ONLINE_DEVICE);
9          devices.addAll(deviceInfos);
10     }
11
12     /**
13      * 对设备列表ListContainer组件进行渲染
14      */
15     private void showDeviceList() {
16         CommonProvider commonProvider = new CommonProvider<DeviceInfo>
             (devices, getContext(),
17                 ResourceTable.Layout_device_list_item) {
18             @Override
19             protected void convert(ViewProvider viewProvider, DeviceInfo item,
                 int position) {
20                 viewProvider.setText(ResourceTable.Id_device_text, item.
                     getDeviceName());
21             }
22         };
23         deviceListContainer.setItemProvider(commonProvider);
24         commonProvider.notifyDataChanged();
25         devicesDialog.show();
26     }
```

第 8 行代码就是获取远端可以进行分布式协同设备信息的关键 API，它的使用前提是之前的相关权限已经正常授权。

第 15 ～ 26 行代码中使用到了两个自定义的 Provider：CommonProvider 和 ViewProvider。

代码清单 8-10 为 CommonProvider 的代码。

代码清单8-10　CommonProvider

```
package com.xdw.distributedvideoplayer.provider;

import ohos.agp.components.BaseItemProvider;
import ohos.agp.components.Component;
import ohos.agp.components.ComponentContainer;
import ohos.app.Context;

import java.util.ArrayList;
import java.util.List;
```

```java
/**
 * CommonProvider
 *
 * @param <T> type
 * @since 2020-12-04
 */
public abstract class CommonProvider<T> extends BaseItemProvider {
    /**
     * source list
     */
    protected List<T> datas;
    /**
     * context
     */
    protected Context context;
    /**
     * the resource id
     */
    protected int layoutId;

    /**
     * constructor of CommonProvider
     *
     * @param context context
     * @param layoutId id
     */
    public CommonProvider(Context context, final int layoutId) {
        this(new ArrayList<T>(0), context, layoutId);
    }

    /**
     * constructor of CommonProvider
     *
     * @param context context
     * @param layoutId id
     * @param datas listContainer data
     */
    public CommonProvider(List<T> datas, Context context, int layoutId) {
        this.datas = datas;
        this.context = context;
        this.layoutId = layoutId;
    }

    @Override
    public int getCount() {
        return datas != null ? datas.size():0;
    }

    /**
     * return data
     *
     * @param position position
     * @return data
     */
    @Override
```

```
    public T getItem(int position) {
        return datas.get(position);
    }

    @Override
    public long getItemId(int position) {
        return position;
    }

    @Override
    public Component getComponent(int position, Component component,
    ComponentContainer parent) {
        ViewProvider holder = ViewProvider.get(context, component, parent,
        layoutId, position);

        convert(holder, getItem(position), position);
        return holder.getComponentView();
    }

    /**
     * convert to a new Collection,contains clear it
     *
     * @param holder holder
     * @param item item
     * @param position position
     */
    protected abstract void convert(ViewProvider holder, T item, int position);
}
```

代码清单 8-11 为 ViewProvider 的代码。

代码清单8-11　ViewProvider

```
package com.xdw.distributedvideoplayer.provider;

import ohos.agp.components.*;
import ohos.app.Context;

import java.util.HashMap;

/**
 * ViewProvider
 *
 * @since 2020-12-04
 *
 */
public class ViewProvider {
    /**
     * set Position
     */
    protected int componentPosition;
    /**
     * set layout id
     */
    protected int layoutId;
```

```java
private Component component;
private Context context;
private HashMap<Integer, Component> views;

/**
 * constructor of ViewProvider
 *
 * @param context context
 * @param itemView itemView
 * @param parent parent
 * @param position position
 */
public ViewProvider(Context context, Component itemView, ComponentContainer
parent, int position) {
    this.context = context;
    component = itemView;
    this.componentPosition = position;
    views = new HashMap<Integer, Component>(0);
    component.setTag(this);
}

/**
 * constructor of ViewProvider
 *
 * @param context context
 * @param convertView convertView
 * @param parent parent
 * @param layoutId layoutId
 * @param position position
 * @return ViewProvider
 */
public static ViewProvider get(Context context, Component convertView,
ComponentContainer parent,
    int layoutId, int position) {
    if (convertView == null) {
        Component itemView = LayoutScatter.getInstance(context).
        parse(layoutId, null, false);
        ViewProvider viewProvider = new ViewProvider(context, itemView,
        parent, position);
        viewProvider.layoutId = layoutId;
        return viewProvider;
    } else {
        ViewProvider viewProvider = null;
        Object object = convertView.getTag();
        if (object instanceof ViewProvider) {
            viewProvider = (ViewProvider) object;
            viewProvider.componentPosition = position;
        }
        return viewProvider;
    }
}

/**
 * Get the control by viewId
 *
```

```java
     * @param viewId viewId
     * @param <T> generic
     * @return view
     */
    @SuppressWarnings("unchecked")
    public <T extends Component> T getView(int viewId) {
        Component view = views.get(viewId);
        if (view == null) {
            view = component.findComponentById(viewId);
            views.put(viewId, view);
        }
        return (T) view;
    }

    /**
     * return Component
     *
     * @return Component
     */
    public Component getComponentView() {
        return component;
    }

    /**
     * get layout id
     *
     * @return xmlId
     */
    public int getLayoutId() {
        return layoutId;
    }

    /**
     * update pointer
     *
     * @param position position
     */
    public void updatePosition(int position) {
        this.componentPosition = position;
    }

    /**
     * get item position
     *
     * @return int
     */
    public int getItemPosition() {
        return componentPosition;
    }

    /**
     * set text
     *
     * @param viewId viewId
     * @param text text
```

```
 * @return ViewProvider
 */
public ViewProvider setText(int viewId, String text) {
    Text tv = getView(viewId);
    tv.setText(text);
    return this;
}

/**
 * set image
 *
 * @param viewId viewId
 * @param resId ImageResource
 * @return ViewProvider
 */
public ViewProvider setImageResource(int viewId, int resId) {
    Image image = getView(viewId);
    image.setPixelMap(resId);
    image.setScaleMode(Image.ScaleMode.STRETCH);
    return this;
}

/**
 * set onClick Listener
 *
 * @param viewId viewId
 * @param listener listener
 * @return ViewProvider
 */
public ViewProvider setOnClickListener(int viewId, Component.
ClickedListener listener) {
    Component newComponent = getView(viewId);
    newComponent.setClickedListener(listener);
    return this;
}

/**
 * set OnTouch Listener
 *
 * @param viewId viewId
 * @param listener listener
 * @return ViewProvider
 */
public ViewProvider setOnTouchListener(int viewId, Component.
TouchEventListener listener) {
    Component newComponent = getView(viewId);
    newComponent.setTouchEventListener(listener);
    return this;
}
}
```

业务代码中还用到了几个自定义的工具类 Toast、LogUtil 和 ScreenUtils。
Toast 的代码如代码清单 8-12 所示。

代码清单8-12　Toast

```java
package com.xdw.distributedvideoplayer.component;

import com.xdw.distributedvideoplayer.util.ScreenUtils;
import ohos.agp.colors.RgbColor;
import ohos.agp.components.DependentLayout;
import ohos.agp.components.Text;
import ohos.agp.components.element.ShapeElement;
import ohos.agp.utils.Color;
import ohos.agp.window.dialog.ToastDialog;
import ohos.app.Context;

/**
 * Toast
 *
 * @since 2020-12-04
 */
public class Toast {
    private static final int TEXT_SIZE = 40;
    private static final int TEXT_PADDING = 20;
    private static final int TEXT_HEIGHT = 100;
    private static final int TEXT_CORNER = 20;
    private static final int TEXT_OFFSETY = 200;
    private static final int TEXT_ALPHA = 120;

    private Toast() {
    }

    /**
     * toast
     *
     * @param context the context
     * @param text the toast content
     * @param ms the toast ime,ms
     */
    public static void toast(Context context, String text, int ms) {
        DependentLayout layout = new DependentLayout(context);
        layout.setWidth(ScreenUtils.getScreenWidth(context));
        layout.setHeight(TEXT_HEIGHT);
        Text textView = new Text(context);
        ShapeElement background = new ShapeElement();
        background.setCornerRadius(TEXT_CORNER);
        background.setRgbColor(new RgbColor(0, 0, 0, TEXT_ALPHA));
        textView.setBackground(background);
        DependentLayout.LayoutConfig config =
                new DependentLayout.LayoutConfig(
                        DependentLayout.LayoutConfig.MATCH_CONTENT,
                        DependentLayout.LayoutConfig.MATCH_CONTENT);
        config.addRule(DependentLayout.LayoutConfig.HORIZONTAL_CENTER);
        textView.setLayoutConfig(config);
        textView.setPadding(TEXT_PADDING, TEXT_PADDING, TEXT_PADDING, TEXT_PADDING);
        textView.setMaxTextLines(1);
        textView.setTextSize(TEXT_SIZE);
```

```
        textView.setMaxTextWidth(ScreenUtils.getScreenWidth(context));
        textView.setTextColor(Color.WHITE);
        textView.setText(text);
        layout.addComponent(textView);
        ToastDialog toastDialog = new ToastDialog(context);
        toastDialog.setContentCustomComponent(layout);
        toastDialog.setTransparent(true);
        toastDialog.setOffset(0, TEXT_OFFSETY);
        toastDialog.setSize(ScreenUtils.getScreenWidth(context), TEXT_HEIGHT);
        //toastDialog.setDuration(ms);
        //真机调试，在真机是API4 Beta1的时候还不支持该方法会报错
        toastDialog.show();
    }
}
```

LogUtil 的代码如下：

```
package com.xdw.distributedvideoplayer.util;

import ohos.hiviewdfx.HiLog;
import ohos.hiviewdfx.HiLogLabel;

/**
 * Log util
 *
 * @since 2020-12-04
 *
 */
public class LogUtil {
    private static final String TAG_LOG = "LogUtil";

    private static final HiLogLabel LABEL_LOG = new HiLogLabel(0, 0, LogUtil.TAG_LOG);

    private static final String LOG_FORMAT = "%{public}s: %{public}s";

    private LogUtil() {
    }

    /**
     * Print debug log
     *
     * @param tag log tag
     * @param msg log message
     */
    public static void debug(String tag, String msg) {
        HiLog.debug(LABEL_LOG, LOG_FORMAT, tag, msg);
    }

    /**
     * Print info log
     *
     * @param tag log tag
     * @param msg log message
```

```
     */
    public static void info(String tag, String msg) {
        HiLog.info(LABEL_LOG, LOG_FORMAT, tag, msg);
    }

    /**
     * Print error log
     *
     * @param tag log tag
     * @param msg log message
     */
    public static void error(String tag, String msg) {
        HiLog.error(LABEL_LOG, LOG_FORMAT, tag, msg);
    }
}
```

ScreenUtils 的代码如下：

```
package com.xdw.distributedvideoplayer.util;

import ohos.agp.utils.Point;
import ohos.agp.window.service.Display;
import ohos.agp.window.service.DisplayManager;
import ohos.app.Context;

import java.util.Optional;

/**
 * Component component maker
 *
 * @since 2020-12-04
 *
 */
public class ScreenUtils {
    private ScreenUtils() {
        // Do nothing
    }

    /**
     * getScreenHeight
     *
     * @param context context
     * @return int
     */
    public static int getScreenHeight(Context context) {
        DisplayManager displayManager = DisplayManager.getInstance();
        Optional<Display> optDisplay = displayManager.getDefaultDisplay(context);
        Point point = new Point(0, 0);
        if (!optDisplay.isPresent()) {
            return (int) point.position[1];
        } else {
            Display display = optDisplay.get();
            display.getSize(point);
            return (int) point.position[1];
```

```
        }
    }

    /**
     * getScreenWidth
     *
     * @param context context
     * @return int
     */
    public static int getScreenWidth(Context context) {
        DisplayManager displayManager = DisplayManager.getInstance();
        Optional<Display> optDisplay = displayManager.getDefaultDisplay(context);
        Point point = new Point(0, 0);
        if (!optDisplay.isPresent()) {
            return (int) point.position[0];
        } else {
            Display display = optDisplay.get();
            display.getSize(point);
            return (int) point.position[0];
        }
    }
}
```

8.8 跨设备启动 FA 并进行数据交互

给设备列表的 UI 组件对象 deviceListContainer 添加 item 的点击事件。点击相应的设备，获取该设备的 id 信息并启动相应远端设备上的 FA，如代码清单 8-13 所示。

代码清单8-13　添加item的点击事件

```
1 deviceListContainer.setItemClickedListener(new ListContainer.ItemClickedListener() {
2         @Override
3         public void onItemClicked(ListContainer listContainer, Component
          component, int num, long l) {
4             Toast.toast(MainAbilitySlice.this, "click successful! ",
              TOAST_DURATION);
5             //实现跨设备启动FA
6             Intent intent = new Intent();
7             Operation operation = new Intent.OperationBuilder()
8                     .withDeviceId(devices.get(num).getDeviceId())
9                     .withBundleName("com.xdw.distributedvideoplayer")
10                    .withAbilityName("com.xdw.distributedvideoplayer.MainAbility")
11                    .withFlags(Intent.FLAG_ABILITYSLICE_MULTI_DEVICE)
12                    .build();
13            intent.setOperation(operation);
14            intent.setParam("INTENT_STARTTIME_PARAM", currentTime);
15
16            startAbility(intent);
17        }
18    });
```

第 8 行代码必须要，它是获取到的远端设备的 id。第 9 行指定要启动的应用的 bundlename。第 10 行指定要启动的 Ability。第 11 行表示多设备协同。第 14 行传递数据给远端设备，这里是将本地设备上的当前视频播放时间记录下来，远端设备收到该数据之后，直接从该时间点开始播放视频。

修改原有播放器的播放业务逻辑代码，在播放器启动的时候，需要先判断记录当前播放时间的变量 currentTime 是否大于 0，如果大于 0 则从 currentTime 时间点开始播放，否则从头开始播放。

由于之前分布式协同的时候进行数据传输，传递了 currentTime 数据，因此需要在 onStart 方法中通过 intent 接收 currentTime 数据，如代码清单 8-14 所示。

代码清单8-14　onStart方法

```
1    @Override
2    public void onStart(Intent intent) {
3        super.onStart(intent);
4        super.setUIContent(ResourceTable.Layout_ability_main);
5        // 开发者动态申请需要使用的敏感权限
6        requestPermissionsFromUser(new String[]{"ohos.permission.DISTRIBUTED_
     DATASYNC"}, 0);
7        //初始化视频启动播放时间，如果是通过分布式启动的话，则还需要获取外部传递过来的初始时间
8        currentTime = intent.getIntParam("INTENT_STARTTIME_PARAM", 0);
9        Toast.toast(this,"currentTime="+currentTime,TOAST_DURATION);
10       uiTaskDispatcher = getUITaskDispatcher();
11       initView();
12       initPlayer();
13       initEvent();
14       //初始化加载框的动画
15       loadingAnimator = rpbLoading.createAnimatorProperty();
16       loadingAnimator.rotate(360).setDuration(2000).setDelay(500).
     setLoopedCount(-1);
17   }
```

第 8 行代码就是接收对端传递过来的数据。

然后修改 player 对象的 onPrepared 回调方法，对启动播放进行简单逻辑判断，如代码清单 8-15 所示。

代码清单8-15　修改player对象的onPrepared回调方法

```
//player的回调
@Override
public void onPrepared() {
    HiLog.error(LABEL, "onPrepared");
    //视频准备好之后开始播放，从记录的播放时间点开始进行播放
    if (currentTime > 0) {
        mPlayer.play();
        mPlayer.rewindTo(currentTime * 1000*1000);
    } else {
        mPlayer.play();
    }
```

8.9　小结

通过本项目的学习，读者可掌握如何在真机下进行应用调试，以及分布式任务调度开发流程，并且加深了对动态权限申请的了解和使用。本项目案例只是 HarmonyOS 分布式开发中的一种（调用远端的 FA 并且传递数据），还有其他很多应用场景，需要读者自行探索。

HarmonyOS 常用第三方组件介绍

HarmonyOS 第三方组件是指基于 HarmonyOS 系统 SDK 开发的, 提供给 HarmonyOS 应用开发者的一系列类库的统称。常见的第三方组件类型包括 UI 布局类、控件封装类、动画播放类、音视频处理类、开发框架类以及工具类等。善于使用 HarmonyOS 第三方组件, 可以大大提高应用程序的开发效率和稳定性。下面介绍几个常用 HarmonyOS 第三方组件。

9.1 Glide 组件开发指南

1. 组件功能说明

在实际应用开发中会用到大量图片处理, 如网络图片、本地图片、应用资源、二进制流、URI 对象等, 虽然官方提供了 PixelMap 进行图片处理, 但是远远满足不了实际需求, 如占位图、GIF 图、加载失败图, 以及表示内存浪费、内存溢出、节约流量等的图, 接下来介绍如何在鸿蒙的第三方组件 Glide 中解决这些问题。

2. 组件使用方法

1）新建工程, 增加组件。

在应用模块中添加 HAR, 只需要将 glidelibrary.har 复制到 entry\libs 目录下即可。

2）修改配置文件, 配置组件依赖。

在 entry 下面的 build.gradle 添加 library 的依赖, 如图 9-1 所示。

```
dependencies {
    implementation fileTree(dir: 'libs', include: ['*.jar', '*.har'])
    testCompile'junit:junit:4.12'
    implementation project(path: ':glidelibrary')
}
```

图 9-1　在 entry 下面的 build.gradle 添加 library 的依赖

在 content.json 中添加需要的权限，如图 9-2 所示。

```
"reqPermissions": [
    {
        "name": "ohos.permission.GET_NETWORK_INFO"
    },
    {
        "name": "ohos.permission.GET_WIFI_INFO"
    },
    {
        "name": "ohos.permission.INTERNET"
    },
    {
        "name": "ohos.permission.READ_MEDIA"
    },
    {
        "name": "ohos.permission.WRITE_MEDIA"
    },
    {
        "name": "ohos.permission.READ_USER_STORAGE"
    },
    {
        "name": "ohos.permission.WRITE_USER_STORAGE"
    }
]
```

图 9-2　在 content.json 中添加需要的权限

3）加载网络图片，如代码清单 9-1 所示。

代码清单9-1　加载网络图片

```
//with（this）当前page
//load(url) 需要显示的图片URL
//def(resID) 默认展示图片。当中途发生异常时，展示默认的图片
//into(image) 绑定到展示图片的组件OhosGlideUtils.with(this).load("https://www.baidu.
//com/img.png").def(ResourceTable.Media_A).into(image);
```

4）加载本地图片，如图 9-3 所示。

图 9-3 中的 load(inputStream) 用来加载需要显示的图片的流。

```
File file = new File(this.getExternalFilesDir(Environment.DIRECTORY_PICTURES).getAbsolutePath(), child: "test.png");
InputStream inputStream = null;
try {
    inputStream = new FileInputStream(file);
} catch (FileNotFoundException e) {
    e.printStackTrace();
}
OhosGlideUtils.with(this).load(inputStream).def(ResourceTable.Media_B).into(image);
```

图 9-3　加载本地图片

3. 组件开发指导

我们先看一下下面这行代码，是不是很熟悉？

```
OhosGlideUtils.with(this).load("https://www.baidu.com/img/PCtm_d9c8750bed0b3c7d
089fa7d55720d6cf.png").def(ResourceTable.Media_A).into(image);
```

我们先想一下如果需要加载图片，那么大概流程是什么呢？

首先，需要创建一个工具类的对象。其次，确定需要加载什么类型的图片（网络、本地、gif 等）。再次，如果是网络的，那么是不是要用到网络加载呢？

接下来，我们还要考虑两种用户体验问题：图片加载前和加载失败时，用户 UI 怎么展示？这个就涉及默认图片和加载失败的占位图。

好的，带着这个流程，我们来看看 OhosGlide 的四步法是如何关联的。

（1）第一步：With()

这个方法就是为了创建 OhosGilde 实例，核心代码如代码清单 9-2 所示。

代码清单9-2　创建OhosGilde实例

```
public static OhosGlide with(AbilitySlice ability) throws IOException {
    return new OhosGlide(ability);
}
public OhosGlide(AbilitySlice ability) throws IOException {
    this.abilitySlice = ability;
    if (diskLruCacheImpl == null) {
        diskLruCacheImpl =  new DiskLruCacheImpl(abilitySlice.
        getExternalCacheDir().toString()
+ "/" + Constents.DISK_CACHE_PATH);
    }
}
```

（2）第二步：Load()

这个方法很明显，就是为了加载图片。

本地图片则直接显示即可，如果是网络图片，则需要开启异步加载，核心代码如代码清单 9-3 所示。

代码清单9-3 加载图片

```
public OhosGlide load(String url) {
    this.url = url;
    return this;
}
OkHttpManager.getInstance().asyncGet(new Callback() {
    @Override
    public void onFailure(Call call, IOException e) {
        abilitySlice.getUITaskDispatcher().asyncDispatch(() -> {
            image.setPixelMap(defImage);
        });
    }

    @Override
    public void onResponse(Call call, Response response) throws IOException {
        byte[] bytes = response.body().bytes();
        if (response.isSuccessful()) {
            if (fileType == FileType.PNG) {
                showImage(bytes);
            } else if (fileType == FileType.GIF) {
                showGif(response.body().byteStream());
            }
        }
    }
}, url);
```

（3）第三步：Def()

这个方法就是设置加载过程以及加载失败后的占位图。

核心代码如下：

```
image.setPixelMap(defImage);
```

（4）第四步：Into()

这个方法是绑定 Image 组件。

通过以上四个步骤，就实现了图片加载的基本过程。

但是，在实际中，由于图片非常多，而且网络图片特别耗流量，加上每次都重新加载图片，使得用户体验极差，因此在 OhosGlide 中还设计了缓存。这样不仅节约流量，也提升了用户的体验。

缓存是通过两个方面考虑的：1）磁盘缓存。2）内存缓存。

磁盘缓存，是将网络资源图片通过 DiskRLuCache 对象的 addDiskCache 方法先缓存到本地磁盘，使用时再通过该对象的 getDiskCache 方法获取磁盘缓存。图 9-4 给出了磁盘缓存的架构图。而内存缓存，是将网络资源图片通过 MemoryCacheUtil 对象的 savePixelMap 方法先缓存到内存中，使用时再通过该对象的 getPixelMap 方法获取内存缓存。图 9-5 给出了内存缓存的架构图。

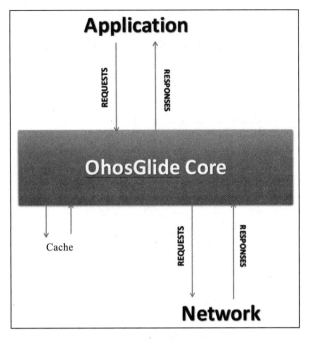

图 9-4　磁盘缓存的架构图

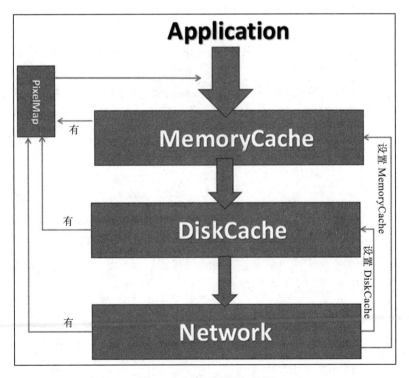

图 9-5　内存缓存的架构图

磁盘缓存核心代码如代码清单 9-4 所示。

代码清单9-4　绑定Image组件（1）

```
// Add缓存
byte[] bytes = response.body().bytes();
diskLruCacheImpl.addDiskCache(bytes, url);
// Get缓存
pixelMap = diskLruCacheImpl.getDiskCache(url);
if (pixelMap != null) {
    abilitySlice.getUITaskDispatcher().asyncDispatch(() -> {
        image.setPixelMap(pixelMap);
    });
}
```

内存缓存核心代码如代码清单 9-5 所示。

代码清单9-5　绑定Image组件（2）

```
public static void savePixelMap(String key, PixelMap pixelMap) {
    if (!isCache(key)) {
        CACHE_LOADER.addBitmap(CacheUtils.hashKeyForCache(key), pixelMap);
    }
}
public static PixelMap getPixelMap(String key) {
    return CACHE_LOADER.getPixelMap(CacheUtils.hashKeyForCache(key));
}
```

最后讲一下如何编译 HAR 包。利用 Gradle 可以将 HarmonyOS Library 库模块构建为 HAR 包。构建 HAR 包的方法如下：在 Gradle 构建任务中，双击 PackageDebugHar 或 PackageReleaseHar 任务，构建 Debug 类型或 Release 类型的 HAR。待构建任务完成后，可以在工程目录中的 glidelibrary > bulid > outputs > har 目录中获取生成的 HAR 包。

项目源码见 https://github.com/isoftstone-dev/Gilde_HarmonyOS.git，或者随书项目源码 "9.1 Glide.zip"。

9.2　Lottie 组件开发指南

在应用程序开发过程中，动画的开发是很常见的。对于一些简单的动画我们开发者可以使用系统提供的 SDK 来实现，但是在实际开发中设计师给出的动画都是炫酷复杂的，如果采用手写代码的方式，就要面对很多问题：

1）不同平台要重复开发。

2）开发者和动画设计师之间的沟通问题。

3）复杂动画对应的代码也非常复杂，后期维护困难等。

针对这些问题，Lottie 提出了完美的解决方案。

1. 组件功能说明

Lottie 是 Airbnb 专门为移动开发设计的一个第三方开源库，其优点如下：

- 跨平台（目前支持 Android、iOS 、Web、React Native 等平台），本组件完成了在 HarmonyOS 上的移植。
- 设计师通过 After Effects 将动画导出为 JSON 文件，然后由 Lottie 加载和渲染这个文件并转成相应的代码。由于是 JSON 文件，文件也会很小，故可以减少 App 包的大小。
- 把动画制作和 App 开发的工作分开，由设计师来完成动画的制作，再由 App 开发者完成动画在 App 中的播放。

组件运行效果见图 9-6。

图 9-6　组件运行效果图

2. 组件使用方法

1）增加组件依赖。由于工程配置文件 build.gradle 中默认已经添加了 libs 目录下的所有 HAR 包依赖（*.har），因此只需要将 lottie.har 复制到 entry\libs 目录下即可。

2）增加 JSON 动画。在 resources/rawfile 目录下，放入动画对应的 JSON 文件（动画设计师通过 After Effects 导出 JSON 文件）。

3）修改主页面的布局文件。修改主页面的布局文件 ability_main.xml：在 DirectionalLayout 标签中增加 App 命名空间，然后添加一个 com.airbnb.lottie.LottieView 组件，设置 LottieView_jsonFile 属性，如代码清单 9-6 所示。

代码清单9-6　修改主页面的布局文件ability_main.xml

```xml
<?xml version="1.0" encoding="utf-8"?>
<DirectionalLayout
    xmlns:ohos="http://schemas.huawei.com/res/ohos"
    xmlns:app="http://schemas.huawei.com/apk/res/ohos"
    ohos:height="match_parent"
    ohos:width="match_parent"
    ohos:orientation="vertical">

    <com.airbnb.lottie.LottieView
        ohos:id="$+id:lottieView"
        ohos:height="match_content"
        ohos:width="match_content"
        app:LottieView_jsonFile = "resources/rawfile/bullseye.json"
    />
</DirectionalLayout>
```

通过以上简单的三步，就可以实现动画的播放了。

3. 组件开发指导

1）新建一个 Module，类型选择 HarmonyOS Library，模块名为 lottie，如图 9-7 所示。

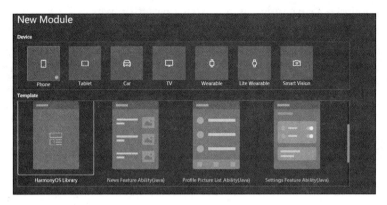

图 9-7　新建一个 Module

2）主要类介绍。

Lottie 组件主要包含 LottieView 类、LottieComposition 类和 LottieDrawable 类。LottieView 类负责对外提供组件接口，LottieComposition 类负责动画的解析，LottieDrawable 类负责动画的播放。如图 9-8 所示。

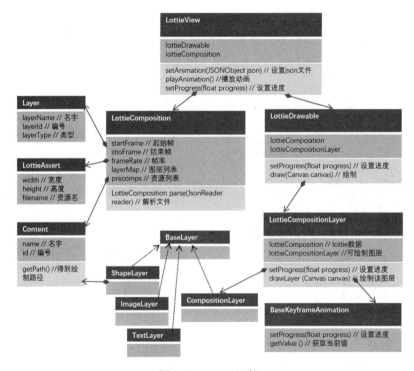

图 9-8　Lottie 组件

3）主流程介绍。

Lottie 主流程包括 JSON 文件解析、图层解析、动画启动、绘制动画等步骤，如图 9-9 所示。

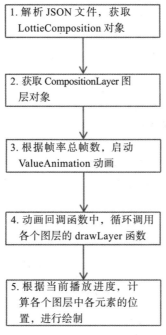

图 9-9　Lottie 主流程

4）JSON 解析流程。

JSON 解析在 LottieView 类的 init 函数中完成，如代码清单 9-7 所示。

代码清单9-7　JSON解析

```
// 打开JSON文件，获取InputStream
ResourceManager resourceManager = getContext().getResourceManager();
RawFileEntry rawFileEntry = resourceManager.getRawFileEntry(jsonFile);
resource = rawFileEntry.openRawFile();

// 解析JSON文件，返回lottieComposition
JsonReader reader = JsonReader.of(buffer(source(resource)));try {
    lottieComposition = LottieCompositionMoshiParser.parse(reader);
} catch (IOException e) {
    e.printStackTrace();
}

// 构造compositionLayer
compositionLayer = new CompositionLayer(
        null,
        LayerParser.parse(lottieComposition),
        lottieComposition.getLayers(),
        lottieComposition);
```

代码清单 9-8 为其中的 JSON 文件说明。

代码清单9-8　JSON文件说明

```
{
    "w",              //宽度
    "h",              //高度
    "ip",             //起始帧
    "op",             //结束帧
    "fr",             //帧率
    "v",              //版本号
    "layers",         //图层列表
    "assets",         //图片资源列表
    "fonts",          //字体列表
    "chars",          //字体具体样式
    "markers"         //遮盖层列表
}
```

代码清单 9-9 为 assets 图片资源说明。

代码清单9-9　assets图片资源说明

```
"assets": [
{
    "id",             //图片id
    "w",              //宽度
    "h",              //高度
    "p",              //图片名称
    "u"               //图片路径
}
]
```

代码清单 9-10 为 layers 说明。

代码清单9-10　layers说明

```
"layers": [
    {
    "nm",             //名称
    "ind",            //索引
    "refId",          //指向的资源id
    "ty",             //图层类型(0:复合型, 1: Solid类型, 2:图片类型, 4:Shape类型, 5:Text类型)
    parent",          //父图层
    "sw",             //Solid宽度
    "sh",             //Solid高度
    "sc",             //Solid颜色
    "ks",             //包含的动画
    "tt",             //遮盖类型
    "masksProperties",//遮盖列表
    "shapes",         //图层包含的形状元素
    "t",              //文本属性
    "ef",             //填充效果（暂不支持）
    "sr",             //时间调整系数
    "st",             //图层起始帧
    "w",              //图层宽度
```

```
    "h",            //图层高度
    "ip",           //图层起始关键帧
    "op",           //图层结束关键帧
    }
]
```

5）动画播放流程。

Lottie 源码播放调用栈的梳理见代码清单 9-11。

代码清单9-11　Lottie源码播放调用栈梳理

```
LottieDrawable.draw()
drawInternal()
drawWithOriginalAspectRatio()
baseLayer.draw()
compositionLayer.drawLayer()
baseLayer.draw()
compositionLayer.drawLayer()
baseLayer.draw()
ShapeLayer.drawLayer()
ContentGroup.draw()
FillContent.draw()或StrokeContent.draw()
```

6）构建 HAR 包。

利用 Gradle 可以将 HarmonyOS Library 库模块构建为 HAR 包，构建 HAR 包的方法如下：在 Gradle 构建任务中，双击 PackageDebugHar 或 PackageReleaseHar 任务，构建 Debug 类型或 Release 类型的 HAR。待构建任务完成后，可以在工程目录中 loadingview > bulid > outputs > har 目录中获取生成的 HAR 包。

项目源码见 https://github.com/isoftstone-dev/Lottie_HarmonyOS，或者随书项目源码"9.2 Lottie.zip"。

9.3　FileUpDown 组件开发指南

在互联网崛起后，随着各种 App 的广泛应用，文件的上传下载成为必不可少的功能，且单一的上传下载已经远远不能够满足用户需求。本节将结合所学知识，对文件上传下载结合线程池做了二次封装，以满足各种场景的应用，并命名为 FileUpDown。上传功能需要搭建服务器，超出了本书的讲解范围，这里重点讲解一下多线程断点下载功能。

1. 组件功能说明

FileUpDown 是基于 Okhttp 进行二次封装的一款文件上传下载框架，非常好用，该框架功能强大，主要包含：

❏ 文件下载

❏ 暂停下载

❑ 继续下载
❑ 单文件上传
❑ 多文件上传

文件下载支持多种请求方式，包括 Get 请求、POST 请求、PUT 请求、DELETE 请求，如图 9-10 所示。

图 9-10　运行截图

2. 组件使用方法

（1）新建工程，增加组件 HAR 包依赖

在应用模块中添加 HAR 包，只需要将 updownfile.har 复制到 entry\libs 目录下即可（由于工程配置文件 build.gradle 中，默认已经添加了 libs 目录下的所有 HAR 包依赖（*.har），因此不需要再做修改）。

（2）文件下载

在 AbilitySlice 里实现 ProgressResponseBody.ProgressListener 接口，重写 onPreExecute 方法，为 progressBar 设置进度最大值，如代码清单 9-12 所示。

代码清单9-12　文件下载

```
@Override
public void onPreExecute(long contentLength) {
    // 文件总长只需记录一次，要注意断点续传后的contentLength只是剩余部分的长度
    if (this.contentLength == 0L) {
        this.contentLength = contentLength;
        getUITaskDispatcher().asyncDispatch(new Runnable() {
            @Override
            public void run() {
                progressBar.setMaxValue((int) (contentLength / 1024));
            }
        });

    }
}
```

然后，为 progressBar 设置进度更新值及下载完成提示，见代码清单 9-13。

代码清单9-13　为progressBar设置进度更新值及下载完成提示

```
@Override
public void update(long totalBytes, boolean done) {
    // 注意加上断点的长度
    this.totalBytes = totalBytes + breakPoints;
    getUITaskDispatcher().asyncDispatch(new Runnable() {
        @Override
        public void run() {
            progressBar.setProgressValue((int) (totalBytes + breakPoints) / 1024);
        }
    });

    if (done) {
        // 切换到主线程
        getUITaskDispatcher().asyncDispatch(new Runnable() {
            @Override
            public void run() {
                LogUtil.Toast(getAbility(), "下载完成");
            }
        });
    }
}
```

初始化下载方法及存储路径（见代码清单 9-14）。

代码清单9-14　初始化下载方法及存储路径

```
file = new File(getExternalFilesDir(Environment.DIRECTORY_DOWNLOADS), "windows.exe");
downloader = new ProgressDownloader(PACKAGE_URL, file, this);
```

开始下载（见代码清单 9-15）。

代码清单9-15　开始下载

```
downloader.download(0L);
LogUtil.Toast(getAbility(), "开始下载");
```

暂停下载（见代码清单 9-16）。

代码清单9-16　暂停下载

```
downloader.pause();
// 存储此时的totalBytes，即断点位置
breakPoints = totalBytes;
LogUtil.Toast(getAbility(), "下载暂停");
```

继续下载（见代码清单 9-17）。

代码清单9-17　继续下载

```
downloader.download(breakPoints);
LogUtil.Toast(getAbility(), "下载继续");
```

（3）文件上传

单文件上传，无需参数（见代码清单 9-18）。

代码清单9-18　单文件上传，无需参数

```
/**
 * post请求，上传单个文件
 * @param url: url
 * @param file: File对象
 * @param fileKey: 上传参数时file对应的键
 * @param fileType: File类型，包括image、video、audio、file
 * @param callBack: 回调接口，onFailure方法在请求失败时调用，onResponse方法在请求成功后
   调用，这两个方法都在UI线程执行。还可以重写onProgress方法，得到上传进度
 */
public static void okHttpUploadFile(String url, File file,String fileKey, String
fileType, CallBackUtil callBack) {
    okHttpUploadFile(url, file, fileKey, fileType, null, callBack);
}
```

单文件上传，需要参数（见代码清单 9-19）。

代码清单9-19　单文件上传，需要参数

```
/**
 * post请求，上传单个文件
 * @param url: url
 * @param file: File对象
 * @param fileKey: 上传参数时file对应的键
 * @param fileType: File类型，包括image、video、audio、file
 * @param paramsMap: map集合，封装键值对参数

 * @param callBack: 回调接口，onFailure方法在请求失败时调用，onResponse方法在请求成功后
   调用，这两个方法都在UI线程执行。还可以重写onProgress方法，得到上传进度
```

```
    */
    public static void okHttpUploadFile(String url, File file, String fileKey,String
    fileType, Map<String, String> paramsMap, CallBackUtil callBack) {
        okHttpUploadFile(url, file,fileKey, fileType, paramsMap, null, callBack);
    }
```

多文件上传，以 List 集合形式（见代码清单 9-20）。

代码清单9-20　多文件上传，以List集合形式

```
/**
 * post请求，上传多个文件，以list集合的形式
 * @param url: url
 * @param fileList: 集合元素是File对象
 * @param fileKey: 上传参数时fileList对应的键
 * @param fileType: File类型，包括image、video、audio、file
 * @param paramsMap: map集合，封装键值对参数
 * @param callBack: 回调接口，onFailure方法在请求失败时调用，onResponse方法在请求成功后
 *   调用，这两个方法都在UI线程执行
 */
public static void okHttpUploadListFile(String url, Map<String, String>
paramsMap,List<File> fileList, String fileKey, String fileType,  CallBackUtil callBack) {
    okHttpUploadListFile(url, paramsMap,fileList, fileKey, fileType, null, callBack);
}
```

多文件上传，以 Map 形式（见代码清单 9-21）。

代码清单9-21　多文件上传，以Map形式

```
/**
 * post请求，上传多个文件，以map集合的形式
 * @param url: url
 * @param fileMap: 集合key是File对象对应的键，集合value是File对象
 * @param fileType: File类型，包括image、video、audio、file
 * @param paramsMap: map集合，封装键值对参数
 * @param headerMap: map集合，封装请求头键值对
 * @param callBack: 回调接口，onFailure方法在请求失败时调用，onResponse方法在请求成功后
 *   调用，这两个方法都在UI线程执行
 */
public static void okHttpUploadMapFile(String url, Map<String, File> fileMap,
String fileType, Map<String, String> paramsMap, Map<String, String> headerMap,
CallBackUtil callBack) {
    new RequestUtil(METHOD_POST, url, paramsMap, fileMap, fileType,  headerMap,
        callBack).execute();
}
```

3. 组件开发指导

（1）核心思想

对 okhttp 和线程池的二次封装，对于断点上传下载采用标记的方式，将下载位置记录在 Request 的 header 中，从而实现下次下载的时候可以从指定位置开始下载。OkHttpClient 采用拦截器做进度监听，每次开启一个任务时都单独创建一个线程来对下载任务进行管理。

（2）处理流程

1）创建线程池维护下载线程，能够保证每个下载任务都在自身的线程中进行。

2）开启 okhttp 进行网络连接，进行下载任务。

3）记录每次暂停时下载的进度，保存该位置。

4）下次下载时先判断是否有下载的文件、该文件是否下载完毕。如未下载完毕，则取出上次记录的位置，重新开启任务，在指定的位置开始下载。

（3）原理图

原理图见图 9-11。

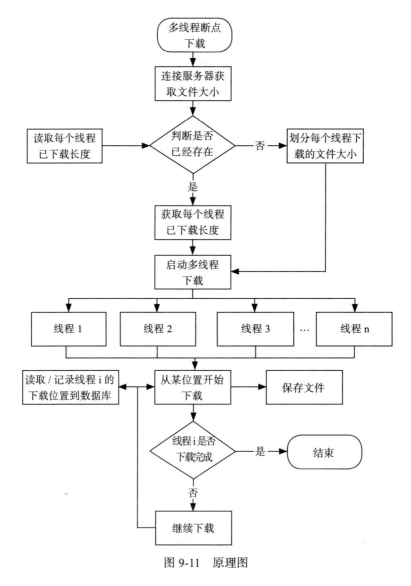

图 9-11　原理图

（4）核心代码解析

从上面分析得知，最重要的是创建线程池，所以我们先来看一下代码清单 9-22。

代码清单9-22　核心代码解析

```
public class ThreadTask {
    private static ThreadPoolExecutor pool = new ThreadPoolExecutor(1, 3, 6000L,
        TimeUnit.SECONDS, new LinkedBlockingQueue<>(3));
    private static AbilitySlice abilitySlice;
    private static ProgressDownloader downloader;

    /**
     * 构造函数
     */
    public ThreadTask(AbilitySlice abilitySlice){
        this.abilitySlice = abilitySlice;
    }
    /**
     * 创建线程池
     */
    public static void CreatTask(int threadId, ProgressDownloader downloader) throws
InterruptedException {
        Thread thread = new MyThread(abilitySlice,downloader);
        thread.currentThread().setName(threadId+"");
        pool.execute(thread);
    }
}
```

ThreadPoolExecutor 有新的任务需要执行时，线程池会创建新的线程，直到创建的线程数量达到 corePoolSize，则将新的任务加入等待队列中。若等待队列已满，即超过 ArrayBlockingQueue 初始化的容量，则继续创建线程，直到线程数量达到 maximumPoolSize 设置的最大线程数量，若大于 maximumPoolSize，则执行拒绝策略。在这种情况下，线程数量的上限与有界任务队列的状态有直接关系，如果有界队列初始容量较大或者没有达到超负荷的状态，那么线程数将一直维持在 corePoolSize 以下，反之当任务队列已满时，会以 maximumPoolSize 作为线程数上限。

线程池创建好后，就需要发起网络请求，这里采用 okhttp，源码参考随书源码"9.3 FileUpDown.zip"。

（5）总结

多任务断点续传或者下载，归根到底就是线程池的运用。每个下载任务做好下载标记，在重新下载或者上传时在该标记处重新进行下载或者上传即可。当然上传的相关记录需要在服务端标记，测试需要后台配合才能进行。

9.4　VideoCache 组件开发指南

伴随着鸿蒙系统的崛起，移动终端的应用也会应运而生。尤其是随着最近几年短视频如火如荼的发展，针对高效播放器的需求也在不断增加，如流畅度、横竖屏、倍速播放、清晰度调节、边播放边观看等。在这里我们重点讲一下边播放边观看的需求，它也称为缓存，起名为 VideoCache。

1. 组件功能说明

VideoCache 是一款可以支持视频边播放边缓存，同时支持全屏和横屏以及音量调节和屏幕亮度调节的一款视频播放器。运行效果如图 9-12 所示。

图 9-12　运行效果

2. 组件使用方法

（1）新建工程，引入组件 HAR 包

在应用模块中添加 HAR 包，只需要将 videocachelibrary-debug.har 复制到 entry\libs 目录下即可（由于工程配置文件 build.gradle 中，默认已经添加了 libs 目录下的所有 HAR 包依赖（*.har），因此不需要再做修改）。

（2）修改配置文件

在 entry 下面的 build.gradle 添加 library 的依赖，见图 9-13。

```
dependencies {
    implementation fileTree(dir: 'libs', include: ['*.jar', '*.har'])
    implementation project(path: ':videocachelibrary')
    testCompile 'junit:junit:4.12'
}
```

图 9-13　在 entry 下面的 build.gradle 添加 library 的依赖

（3）在基类实例化代理

相关代码见代码清单 9-23。

代码清单9-23　在基类实例化代理

```
/**
 * theApplication
 */
private static BaseSlice theApplication;
/**
 * httpProxyCacheServer
 */
private static HttpProxyCacheServer httpProxyCacheServer;

@Override
protected void onStart(Intent intent) {
    getWindow().addFlags(WindowManager.LayoutConfig.MARK_TRANSLUCENT_STATUS);
    super.onStart(intent);
    theApplication = this;
}

/**
 * 实例化代理服务
 *
 * @return httpProxyCacheServer
 */
public static synchronized HttpProxyCacheServer getProxy() {
    if (httpProxyCacheServer == null) {
        httpProxyCacheServer =
                new HttpProxyCacheServer.Builder(theApplication).
                headerInjector(new UserAgentHeadersInjector())
                .maxCacheSize(1024 * 1024 * 1024)// 最大缓存空间1GB
                .singleFileBandwidth(600)        //单位KB, HTTPS需要1.5倍左右
                .build();
    }
    return httpProxyCacheServer;
}

/**
 * @return theApplication
 */
public static BaseSlice getTheApplication() {
    return theApplication;
}
```

```
/**
 * UserAgentHeadersInjector
 */
public static class UserAgentHeadersInjector implements HeaderInjector {
    /**
     * @param url 需要添加的URL
     * @return headerParams
     */
    @Override
    public Map addHeaders(String url) {
        Map<String, String> headerParams = new HashMap<String, String>();
        headerParams.put("referer", "ossassets");
        return headerParams;
    }
}
```

（4）初始化播放器

在使用的地方初始化播放器，并调用代理服务将新生成的路径传入播放器，相关代码见代码清单 9-24。

代码清单9-24　初始化播放器并调用代理服务将新生成的路径传入播放器

```
/**
 * 初始化
 */
private void intView() {
    DirectionalLayout layout = (DirectionalLayout) findComponentById
        (ResourceTable.Id_layout);
    proxyUrl = BaseSlice.getProxy().getProxyUrl("http://clips.vorwaerts-gmbh.
        de/big_buck_bunny.mp4");
    BaseSlice.getProxy().registerCacheListener(mCacheListener, proxyUrl);//缓存监听
    playerVideo = new PlayerVideo(this, proxyUrl, this, layout);
    playerVideo.setDisplayMath(0, 1000);
}
```

（5）播放控制

相关代码见代码清单 9-25。

代码清单9-25　播放控制

```
/**
 * 设置宽高
 *
 * @param width 为0时设置全屏
 * @param height 为0时设置全屏
 */
public void setDisplayMath(int width, int height) {
    if (width == 0 && height == 0) {
        dependentLayout.setWidth(ComponentContainer.LayoutConfig.MATCH_PARENT);
        dependentLayout.setHeight(ComponentContainer.LayoutConfig.MATCH_PARENT);
    } else if (width == 0) {
        dependentLayout.setWidth(ComponentContainer.LayoutConfig.MATCH_PARENT);
        dependentLayout.setHeight(height);
```

```java
        } else if (height == 0) {
            dependentLayout.setWidth(width);
            dependentLayout.setHeight(ComponentContainer.LayoutConfig.MATCH_PARENT);
        } else {
            dependentLayout.setWidth(width);
            dependentLayout.setHeight(height);
        }
    }

    /**
     * @param newOrientation 0:横屏；1:竖屏；2:由系统判断；3:跟随应用栈中最近的应用
     */
    private void setDisplayOrientation(int newOrientation) {
        if (newOrientation == 0) {
            abilitySlice.getAbility().setDisplayOrientation(AbilityInfo.
                DisplayOrientation.LANDSCAPE);
            setDisplayMath(0, 0);
        } else if (newOrientation == 1) {
            abilitySlice.getAbility().setDisplayOrientation(AbilityInfo.
                DisplayOrientation.PORTRAIT);
        } else if (newOrientation == 2) {
            abilitySlice.getAbility().setDisplayOrientation(AbilityInfo.
                DisplayOrientation.UNSPECIFIED);
        } else if (newOrientation == 3) {
            abilitySlice.getAbility().setDisplayOrientation(AbilityInfo.
                DisplayOrientation.FOLLOWRECENT);
        }
    }

    /**
     * 初始化播放器
     */
    private void intDate(String loadUrl) {
        player = new Player(context);
        surfaceProvider.pinToZTop(false);
        java.util.Optional<ohos.agp.graphics.SurfaceOps> optional =
            surfaceProvider.getSurfaceOps();
        SurfaceOps surfaceOps = optional.get();
        surfaceOps.addCallback(new VideoSurfaceCallback(surfaceOps, loadUrl,
                player, this
        ));
        readyPlaying();
    }

    /**
     * 播放方法
     */
    private void startVideo() {
        imagePlay.setPixelMap(ResourceTable.Media_stop);
        player.prepare();
        player.play();
    }

    /**
     * 暂停播放方法
     */
```

```
*/
private void pauseVideo() {
    imagePlay.setPixelMap(ResourceTable.Media_start);
    if (player.isNowPlaying()) {
        player.pause();
    }
}
```

3. 组件开发指导

（1）核心思想

核心思想是做代理，我们知道原始的做法是将播放地址给播放器进行播放，现在我们要做的就是加一个中间层——代理。播放器在播放时需要的数据流通过本地代理地址进行播放，这样的优势就是我们能更好地通过中间层做一些处理，如缓存、监控等。

（2）处理流程

通过请求原始 URL 给播放器返回一个本地代理 URL，代理 URL 为 "http://127.0.0.1:8080/xxx"（端口为随机分配的真实端口，也可以添加一定的加密规则）。播放器播放的时候请求本地返回的这个 URL 即可。

服务端采用 ServerSocket 监听本地端口（127.0.0.1 的 8080 端口），客户端（也就是播放器）通过 Socket 来读取数据。当服务端收到客户端的 Socket 请求时，根据 URL 检查视频文件是否存在，如果存在则读取文件数据给播放器，也就是往 Socket 里写数据（Socket 通信），支持断点下载。

其核心主要是路由、链接协议、拦截器、代理、安全认证、连接池网络协议等。

（3）原理图

原理图如图 9-14 所示。

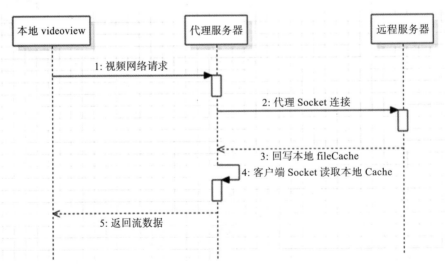

图 9-14　原理图

（4）源码分析

见随书项目源码"9.4 VideoCache.zip"。

9.5　BottomNavigationBar 组件开发指南

一般来说，对真理的探索源自对经验学的不断实践与证明。在对科学理论进行拆分与重组的过程中会产生一组新的技术。组件化对基础组件重新进行组合，可让你快速实现一套完整的模块化功能，BottomNavigationBar 其实也就是由多个基础组件组成的一套完整的底部导航栏的布局框架。

1. 组件功能说明

日常应用开发中会碰见大量的底部导航栏，我们在解决类似需求时会编写大量的基础代码来实现其基本功能。作为一名开发者，更需要一套完整、完善的组件来解决开发效率问题。BottomNavigationBar 组件就是基于这样的需求应运而生的，其运行效果如图 9-15 所示。

图 9-15　运行效果

2. 组件使用方法

新建一个 HarmonyOS 工程，项目名为 bottomNavigationBar。项目 type 选择 phone 模式，SDK 使用 HarmonyOS-SDK5 版本。

在 libs 下增加 HAR 包依赖。如图 9-16 所示。

build
entry
build
libs
mylibrarybottom-debug.har
src
main
java
com.istone.bottomnavigationbar
base
BaseAbilitySlice
BaseFraction

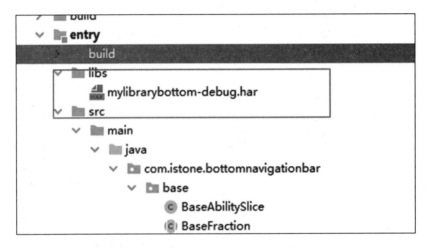

图 9-16　在 libs 下增加 HAR 包依赖

在工程 build.gradle 文件下增加 HAR 包依赖。如图 9-17 所示。

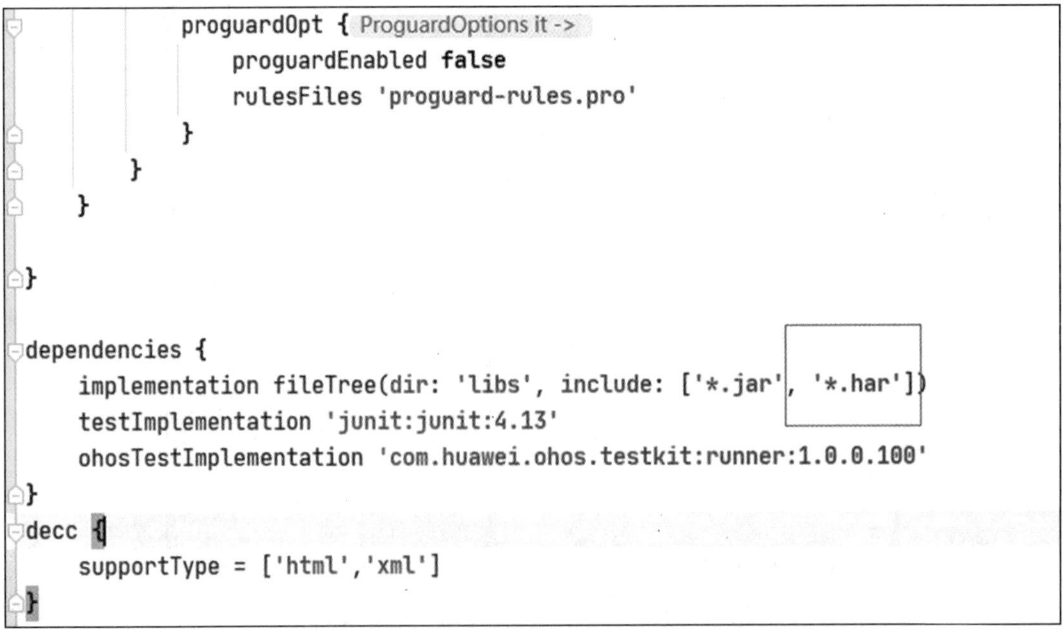

proguardOpt { ProguardOptions it ->
proguardEnabled false
rulesFiles 'proguard-rules.pro'
}
}
}
}
dependencies {
implementation fileTree(dir: 'libs', include: ['*.jar', '*.har'])
testImplementation 'junit:junit:4.13'
ohosTestImplementation 'com.huawei.ohos.testkit:runner:1.0.0.100'
}
decc {
supportType = ['html','xml']
}

图 9-17　在工程 build.gradle 文件下增加 HAR 包依赖

3. 组件开发指导

对于工程核心目录（图 9-18）介绍如下。

- ❑ libs 目录：这里放置 mylibrarybottom-debug.har 包，其中包含 BottomNavigationBar 的对外接口。
- ❑ BaseAbilitySlice 文件：对系统原生 AbilitySlices 的二次封装。
- ❑ BaseFraction 文件：对系统原生 Fraction 的二次封装。
- ❑ fraction 包：四个用来展示的模块界面。
- ❑ provider 包：用来将四个界面与 BottomNavigationBar 进行关联的适配器。
- ❑ slice 包：与用户交互的具体界面。

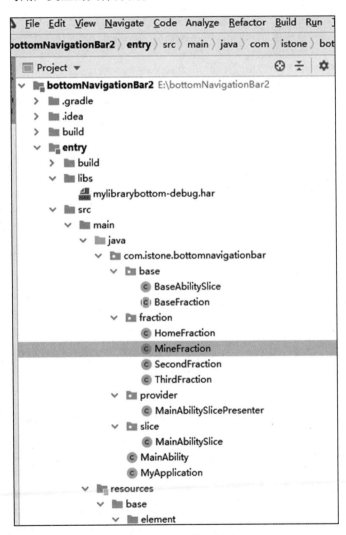

图 9-18　工程核心目录

修改主页面的布局文件 ability_main.xml（见图 9-19）。我们引用 HAR 包中的 Bottom-NavigationBar 组件，这是 HAR 包为我们提供的底部导航栏框架。FractionBarComponent 组件同样由框架提供，用来放置四个 Fraction，FractionBarComponent 本身继承于 StackLayout 布局。

```xml
<?xml version="1.0" encoding="utf-8"?>
<com.istone.bottomnavigationbar.component.BottomNavigationBar
    ohos:height="match_parent"
    ohos:id="$+id:bottom_navigation_bar"
    ohos:orientation="vertical"
    ohos:width="match_parent"
    xmlns:ohos="http://schemas.huawei.com/res/ohos">
    <com.istone.bottomnavigationbar.component.FractionBarComponent
        ohos:height="match_parent"
        ohos:id="$+id:fraction_bar_component"
        ohos:width="match_parent"/>
</com.istone.bottomnavigationbar.component.BottomNavigationBar>
```

图 9-19　修改主页面的布局文件 ability_main.xml

修改 MainAbilitySlice 文件的代码见图 9-20。

```java
public class MainAbilitySlice extends BaseAbilitySlice implements AbilitySliceProvider {
    @Override
    public void onStart(Intent intent) {
        super.onStart(intent);
        super.setUIContent(ResourceTable.Layout_ability_main);
        new MainAbilitySlicePresenter(abilitySliceProvider: this);
    }

    @Override
    public void onActive() { super.onActive(); }

    @Override
    public void onForeground(Intent intent) { super.onForeground(intent); }

}
```

图 9-20　修改 MainAbilitySlice 文件的代码

不难看出，我们把大部分业务逻辑交给了 MainAbilitySlicePresenter 适配器，而 slice 只是承担了布局的加载工作。在实现 MainAbilitySlicePresenter 的时候特别需要实现 HAR 包中的 AbilitySliceProvider 接口。

那么剩下的任务就是研究 MainAbilitySlicePresenter 适配器到底做了些什么事情将底部导航栏和 Fraction 关联起来。先看代码，图 9-21 中的代码用来定义全局变量。

```java
public class MainAbilitySlicePresenter {

    private AbilitySliceProvider mAbilitySliceProvider;
    /**
     * 底部导航栏的数据
     */
    private List<BottomBarInfo<?>> bottomInfoList;
    /**
     * 底部导航栏
     */
    private BottomNavigationBar tabBottomLayout;

    private Context mContext;
    private final int defaultColor;
    private final int tintColor;
    /**
     * 定义一个新的Stacklayout来承载fravtion
     */
    private FractionBarComponent mFractionBarComponent;
```

图 9-21　定义全局变量

图 9-22 是 MainAbilitySlicePresenter 的构造函数。

```java
public MainAbilitySlicePresenter(AbilitySliceProvider abilitySliceProvider) {
    mAbilitySliceProvider = abilitySliceProvider;
    mContext = abilitySliceProvider.getContext();
    // 获取color.json文件中定义的颜色值
    defaultColor = mAbilitySliceProvider.getColor(ResourceTable.Color_default_color);
    tintColor = mAbilitySliceProvider.getColor(ResourceTable.Color_tint_color);
    initBottom();
}
```

图 9-22　MainAbilitySlicePresenter 的构造函数

这是 MainAbilitySlicePresenter 唯一的构造函数。我们可以看出这个函数需要传递一个 AbilitySliceProvider 实例，所以这就是之前需要给 MainAbilitySlice 实现此接口的原因。构造函数中获取了导航栏的默认颜色和被选中时的颜色，然后调用了 initBottom() 方法完成导航栏的初始化。下面我们看一下 initBottom() 方法（见图 9-23、图 9-24 和图 9-25）。

```
private void initBottom() {
    tabBottomLayout = (BottomNavigationBar) mAbilitySliceProvider.findComponentById(ResourceTable.Id_bottom_navigation_bar);
    bottomInfoList = new ArrayList<>();
    // 获取string.json文件中定义的字符串
    String home = mAbilitySliceProvider.getString(ResourceTable.String_home);
    String favorite = mAbilitySliceProvider.getString(ResourceTable.String_favorite);
    String category = mAbilitySliceProvider.getString(ResourceTable.String_category);
    String profile = mAbilitySliceProvider.getString(ResourceTable.String_mine);
    // 首页
    BottomBarInfo<Integer> homeInfo = new BottomBarInfo<>(home,
            ResourceTable.Media_home_normal,
            ResourceTable.Media_home_selected,
            defaultColor, tintColor);
    homeInfo.fraction = HomeFraction.class;
    // 收藏
    BottomBarInfo<Integer> favoriteInfo = new BottomBarInfo<>(favorite,
            ResourceTable.Media_favorite_normal,
            ResourceTable.Media_favorite_selected,
            defaultColor, tintColor);
    favoriteInfo.fraction = SecondFraction.class;
```

图 9-23　initBottom() 方法（1）

```
    // 分类
    BottomBarInfo<Integer> categoryInfo = new BottomBarInfo<>(category,
            ResourceTable.Media_category_norma1,
            ResourceTable.Media_category_norma2,
            defaultColor, tintColor);
    categoryInfo.fraction = ThirdFraction.class;
    // 我的
    BottomBarInfo<Integer> profileInfo = new BottomBarInfo<>(profile,
            ResourceTable.Media_profile_normal,
            ResourceTable.Media_profile_selected,
            defaultColor, tintColor);
    profileInfo.fraction = MineFraction.class;

    // 将每个条目的数据放入集合中
    bottomInfoList.add(homeInfo);
    bottomInfoList.add(favoriteInfo);
    bottomInfoList.add(categoryInfo);
    bottomInfoList.add(profileInfo);
    // 设置底部导航栏的透明度
    tabBottomLayout.setBarBottomAlpha(0.85f);
    // 初始化所有的条目
    tabBottomLayout.initInfo(bottomInfoList);
    initFractionBarComponent();
    tabBottomLayout.addBarSelectedChangeListener((index, prevInfo, nextInfo) ->
            // 显示fraction
            mFractionBarComponent.setCurrentItem(index));
    // 设置默认选中的条目，该方法一定要在最后调用
    tabBottomLayout.defaultSelected(homeInfo);
```

图 9-24　initBottom() 方法（2）

```
// 首页
BottomBarInfo<Integer> homeInfo = new BottomBarInfo<>(home,
        ResourceTable.Media_home_normal,
        ResourceTable.Media_home_selected,
        defaultColor, tintColor);
homeInfo.fraction = HomeFraction.class;
// 收藏
BottomBarInfo<Integer> favoriteInfo = new BottomBarInfo<>(favorite,
        ResourceTable.Media_favorite_normal,
        ResourceTable.Media_favorite_selected,
        defaultColor, tintColor);
favoriteInfo.fraction = SecondFraction.class;
// 分类
BottomBarInfo<Integer> categoryInfo = new BottomBarInfo<>(category,
        ResourceTable.Media_category_norma1,
        ResourceTable.Media_category_norma2,
        defaultColor, tintColor);
categoryInfo.fraction = ThirdFraction.class;
// 我的
BottomBarInfo<Integer> profileInfo = new BottomBarInfo<>(profile,
        ResourceTable.Media_profile_normal,
        ResourceTable.Media_profile_selected,
        defaultColor, tintColor);
profileInfo.fraction = MineFraction.class;
```

图 9-25　initBottom() 方法（3）

以上代码定义了四个 Fraction，并定义了每个 Fraction 在被选中状态和未被选中状态下的显示资源 ID（可以是图片资源或文字资源）。

然后将所有 Fraction 成品放到预备好的集合中。代码见图 9-26。

```
// 将每个条目的数据放入集合中
bottomInfoList.add(homeInfo);
bottomInfoList.add(favoriteInfo);
bottomInfoList.add(categoryInfo);
bottomInfoList.add(profileInfo);
// 设置底部导航栏的透明度
```

图 9-26　将所有 Fraction 成品放到预备好的集合中

以上所有工作完成之后，需要一套 FractionManager 实例方法来操作点击事件。我们将其封装成方法，代码见图 9-27。

```java
private void initFractionBarComponent() {
    FractionManager fractionManage = mAbilitySliceProvider.getFractionManager();
    BottomBarComponentProvider provider = new BottomBarComponentProvider(bottomInfoList,
        fractionManage);
    mFractionBarComponent = (FractionBarComponent)
        mAbilitySliceProvider.findComponentById(ResourceTable.Id_fraction_bar_component);
    mFractionBarComponent.setProvider(provider);
}
```

图 9-27　FractionManager 实例方法

最后我们只需要增加监听，在监听函数中实现底部导航栏和 Fraction 的自由切换（见图 9-28）。

```java
tabBottomLayout.addBarSelectedChangeListener((index, prevInfo, nextInfo) ->
        // 显示fraction
        mFractionBarComponent.setCurrentItem(index));
// 设置默认选中的条目，该方法一定要在最后调用
tabBottomLayout.defaultSelected(homeInfo);
```

图 9-28　在监听函数中实现底部导航栏和 Fraction 的自由切换

见随书项目源码 "9.5 BottomNavigationBar.zip"。

推荐阅读

深度探索Linux系统虚拟化：原理与实现

ISBN：978-7-111-66606-6

百度2位资深技术专家历时5年两易其稿，系统总结多年操作系统和虚拟化经验
从CPU、内存、中断、外设、网络5个维度深入讲解Linux系统虚拟化的技术原理和实现

嵌入式实时操作系统：RT-Thread设计与实现

ISBN：978-7-111-61934-5

自研开源嵌入式实时操作系统RT-Thread核心作者撰写，专业性毋庸置疑
系统剖析嵌入式系统核心设计与实现，掌握物联网操作系统精髓